計算の科学と手引き

辰己丈夫・高岡詠子

計算の科学と手引き（'19）
©2019　辰己丈夫・高岡詠子

装丁・ブックデザイン：畑中　猛

s-21

はじめに

　人間が計算を始めたのは，いつごろのことだろうか．それは，歴史的に見れば，数概念を獲得した頃にさかのぼるだろう．数を扱うことは，すなわち，計算を行うことでもあった．そして，計算の初期は，ものの個数の計算から始まっていた．これがまさに，自然数の計算である．そして，引き算の計算，負の数の概念，掛け算，割り算，分数，実数と，数の概念は広がっていく．

　人間は，さまざまな計算を考えるに至り，計算を行う機械を求めるようになった．初期は，石を置いたり，そろばんを利用したりして，計算を行っていたが，やがて歯車を利用した計算機を発明し，そして，電気を利用した計算機を実現させるようになった．それが，現在のコンピュータである．コンピュータの原理を深く理解するには，計算の仕組み，そして数の性質を理解することが有効である．この講義は，計算における仕組みを知り，そして，そこに現れる数の性質を深く理解することを目的とした．

　ところで,「科学」と「手引き」という言葉を用いた理由について述べる．
　科学とは，さまざまな事象を観察して共通する性質を探し出し，それを記述することで，一連の事象の仕組みを理解する学問である．これに対して，理解した内容を利用して，何かを生み出す作業を考える学問は工学と呼ばれる．すなわち，科学とは具体から抽象を求める営みであるのに対して，工学とは抽象から具体を実現する営みである．一方，手引きとは，何かの行動を行う際に，その手順を示したものであり，通常は，文章や図などで示される．したがって，「計算の手引き」とは，計算の手順を文章や図を用いて示したものである.「計算の科学と手引き」とは，計算全体に共通する性質を探し，それを記述するとともに，その記述を通して計算の手順を示す，ということを狙いとした．

ところで，現在の計算は，さまざまな内容が含まれる．従来の，自然数や整数を対象とする計算や，実数に関わる計算の他に，確率や統計に関する計算もまた，重要な計算である．そして，それらの計算を行う「手引き」を記述する，アルゴリズム，そしてプログラムもまた，計算の対象でもある．さらに，このような計算の根拠となる数理論理学もまた，真偽値や証明手順などの計算を行っている．まさに，計算の概念そのものが広がっていると言える．

放送教材では，時間の制約上，詳しく取り上げることができなかった内容もあるが，それらは，印刷教材（本書）で詳しく述べられている．また，各章末には，参考資料のリストが挙げられている．初心者・初学者にとっては，放送授業を見て理解したつもりになってしまった項目もあるかもしれないが，印刷教材（本書）や参考資料を読み，その内容を正しく理解することに努めることで，新しい考え方，新しい学び方を身に付けることができるようになる．

読者が，この講義を通して，計算とは何か，その性質と，その手順とはどういうものか，これまで思いつかなかった広い世界を，そこに見つけることができるようになることを望む．

著者のひとりとして　　辰己　丈夫

目次

はじめに　　　3

1　人間の活動と数の表し方　　辰己丈夫　10
1. 本章での記法（準備）　10
2. 数とは何か　11
3. 数の名前の定義　13
4. 位取り記数法　16
5. 数字と記数法　18
6. 命数法と，桁区切りと小数点　22

2　二進法・ビット・整数の計算　　辰己丈夫　26
1. 数の表記法に関する思考実験　26
2. 二進法とビット　27
3. 基数の変換計算　30
4. 累乗・指数・対数・階乗　35
5. 整数の計算　38

3　計算のしかけ　　高岡詠子　44
1. 四則演算　44
2. 暗算を簡単に行う　45
3. 計算する器具の前身　51
4. コンピュータにとっての計算とは　53

4 | 数の性質と計算　　｜ 高岡詠子　59
　　1．情報の誤りの訂正　59
　　2．プライバシーや個人情報を守る仕組みの基礎　62
　　3．クレジットカードなどの暗号の仕組み　65

5 | 絵と音を計算する　　｜ 高岡詠子　75
　　1．音声情報の表し方　75
　　2．コンピュータ上の画像情報　79
　　3．ディジタル・アナログ変換　85

6 | おはなしコンピュータ　　｜ 西田知博　89
　　1．コンピュータが計算する手順　89
　　2．コンピュータが計算するときの動き　93
　　3．コンピュータでの式と手順の表現　97

7 | コンピュータにおける式と手順
　　　　　　　　　　　　　　　　｜ 西田知博　107
　　1．プログラムの制御構造　107
　　2．計算の手順化　115

8 | アルゴリズム　　｜ 西田知博　126
　　1．アルゴリズムとは　126
　　2．生活の中のアルゴリズム　133

9 アルゴリズムと能率　　｜ 西田知博　143

1．計算量とは　143
2．曜日の計算　148
3．探索アルゴリズム　153

10 さまざまなアルゴリズム　　｜ 辰己丈夫　162

1．データの整列　162
2．バブルソート　163
3．選択ソート　165
4．挿入ソート　167
5．マージソート　169
6．計算量の比較　170

11 集合と確率の計算　　｜ 辰己丈夫　176

1．集合と類別　176
2．集合概念を利用した証明　178
3．確率の考え方　183
4．期待値の計算　189

12 データと計算　　｜ 高岡詠子　193

1．情報を定義する　193
2．情報の価値　196
3．情報源符号化定理　197
4．統計的計算の基本　202
5．データの散らばり具合　204
6．正規分布　204

13 論理と計算 　　　　　　　　　　　｜村上祐子　210
　　1．論理学とは　　210
　　2．文と命題　　211
　　3．推論　　213
　　4．数学的命題の意味と真理値　　213
　　5．論理パズル　　214
　　6．演繹的推論の妥当性　　216

14 タブローによる計算 　　　　　　　｜村上祐子　220
　　1．演繹的推論の形式化　　220
　　2．代入　　223
　　3．タブロー法による妥当性の判定　　227
　　4．パズルとタブローの関係　　233

15 証明と計算 　　　　　　　　　　　｜村上祐子　235
　　1．自然数の構造　　236
　　2．集合の元の個数を数える　　242
　　3．自然数での算術　　246

演習問題解答　　248

索　　引　　270

1 | 人間の活動と数の表し方

辰己　丈夫

《**目標＆ポイント**》　人間の活動のなかに現れる数の概念について，無意識的に行われていた時代から，計算法が意識されるようになった時代，そして，現在のコンピュータ時代までを俯瞰する．人間の計算活動は，最も単純な正の小さな整数を扱うことから始まった．ここでは，正の整数から始め，「数」の考え方と，その表記方法である数字の構成原理，二進法，コンピュータでの数表現を学ぶ．
《**キーワード**》　計算，式，数

【はじめに】本章は，「コンピュータとソフトウェア」（'18）の第6章と重複している部分があります．

1. 本章での記法（準備）

本章では，数の記述方法について述べるが，厳密に述べるよりも，私たちが普段利用している数に関する知識・経験的判断のうち，利用可能な規則は，暗黙のルールとして利用する．

（1）アラビア数字

我々が，普段日常的に用いている数字である．**算用数字**と呼ぶこともある．

$$0, 1, 2, 3, 4, 5, 6, 7, 8, 9$$

また，本章で，これらの数字単独で，あるいは，数字をいくつか並べ

て数を表すときは，我々が日常的に利用している位取り記数法（後述）で数が表されているとする．

（2）漢数字

漢数字は，私たちに身近な数字の1つである．

　　　零，一，二，三，四，五，六，七，八，九，十，百，千，…

これらの数を利用して数を表現できる．これも，私たちが日本語で日常的に用いている意味と同じとする．

（3）本書における使い分け

本書では，この後に「十進法」という言葉などについて説明するが，その前に，「10進法」の「10」は，何進法で書かれているのか？，という疑問が生じないように配慮することが必要なときに，以下の●の個数を，**漢数字**の「十」で表す[1]．

●●●●●●●●●●

また，漢数字で数を表すときは，我々が自然に思う数のこととする．例として，十六とは，（十進法の）16のことである．

2. 数とは何か

（1）私たちの生活と数の概念

現在，私達の生活は，さまざまな機械に組み込まれたコンピュータによって取り囲まれている．そして，コンピュータが利用しているのは，数である．すなわち，現代の私たちは，数に囲まれて生活していると言っても言いすぎではない．

では，数とは一体，何であろうか．それを正確に答えることは難しい．だが，多くの人が数であるとみなしている対象が，どのようなものであ

---

[1] この後，ここで利用した数字を再度定義して利用することになるが，記述の厳密性よりも，わかりやすいように，冒頭に準備として定義した．

り，どのような歴史を経てきたのかを学ぶことができれば，数とは一体どんな概念なのかが，わかるようになるであろう．

（2）「同じ」の概念

数について考え，数を議論する上で重要なのが，「同じ」「等しい」という概念である．例えば，以下の思考実験をしてみよう．

・今，我々の前に2つのコップがある．
・ひとつは赤いコップで，もうひとつは白いコップであった．
・形状は同じで，どちらも200mlの水を入れることができる．

通常，特に変わった仮定をしなければ，「同じコップ」というのは，「色と大きさが同じ」と考えるであろう．

この2つのコップの違いは，色だけである．次の場合には，これらのコップは違うものとみなされる．

・赤いコップが似合う服の人にとっては，自分の服に似合うかどうかが違う．
・置き場所が，数センチから（例えば）数メートル違う．
・そもそも違う分子で作られている．

一方で，この2つのコップは，次の場合には等しいとみなすことができる．

・コップ n 杯分の水量を計測する
・コップを何かの台座にする
・コップの影で影絵を作る

このように，異なる2つのコップが，視点を変えると同じになることがある．

（3）同じものを数える

さて，2つの（同じ）コップが入った箱に，1つの（同じ）コップを入れたら，コップは全部でいくつになるだろうか．その答えは「2+1＝3」である．では，2つの（同じ）皿が入った箱に，1つの（同じ）皿を入れたら，皿は全部でいくつになるだろうか．その答えもまた，「2+1＝3」である．

コップと，皿は異なるものであるが，このように「合わせる」ことで，その**個数**を表す数は，同じように変化をすることがわかる．

すなわち，個数を表す数というのは，対象がコップでも皿でも有効である．実は，私たちは，スプーン，角砂糖，コンピュータ，人間，惑星といった，ありとあらゆるものを個数で数えるとき，このように「2+1＝3」と計算している．

これが，現代の数学では「自然数」と我々が呼んでいる，数の概念の始まりであると言える．すなわち，自然数とは，さまざまなものに対して個数という概念を確立することができる「測り方」から始まっている．

3. 数の名前の定義

（1）自然数の定義

まず，**自然数**を定義しておく．非常にわかりやすく書くと，自然数とは，すでに述べた「ものの個数」として採用されている，その「個数」のことである．

ところで，自然数に 0 を含めるか含めないかについては，さまざまな立場がある．ここでは，0 を自然数に含めることにする．すなわち，自然数の集合を $\mathbb{N}$ とすると，次のとおりに書くことができる．

$$\mathbb{N} = \{0, 1, 2, 3, \cdots\}$$

他にも，帰納的な定義[2]で自然数を定義することである．

（2）整数

自然数が定まったら，**負の数**を定める．

$$-x とは，-x+x=0 となる数．$$

このような数は，自然数の範囲には存在しない．そこで，自然数か，この性質を満たす「負の数」のいずれかを意味する数として，**整数**という言葉を用いる．整数全体の集合を $\mathbb{Z}$ とすると，それは以下のような数である．

$$\mathbb{Z} = \{0, 1, -1, 2, -2, 3, -3, \cdots\}$$

（3）有理数

有理数は，「分母が 0 以外の自然数，分子が整数」の分数で表現できる数である．英語で rational number であり，これは「比（ratio）を持つ数」という意味であるが，rational のもう 1 つの訳は「理」（的）であり，その結果，有理数と呼ばれている．有理数の集合は $\mathbb{Q}$ と書かれる．

---

[2] ここでは，自然数を定義する「ペアノの公理」を紹介する．
・0 は自然数である．
・x が自然数なら，x' もまた自然数である．
・x' が 0 となる x は存在しない．
・$a \neq b$ ならば $a' \neq b'$ である．
・自然数は，以上のルールで決まるのもののみである．

なお，x' は，x の後者関数（次の数）と呼ばれる数であり，私たちが普段使う十進法では，$0'$ を 1 と書き，$1'$ を 2 と書き，$9'$ を 10 と書くが，二進法では，$1'$ は 10 である．

帰納的な定義とは，数学の世界における，一定のルールに従った定め方の 1 つである．数学基礎論という領域では，帰納的な関数や，原始帰納的な関数という概念があり，計算の複雑さの階層を定める際に，用いられている．本書は詳しく述べない．廣瀬 健「帰納的関数」(1989 年，共立出版) や，隈部 正博「数学基礎論（'08）」「計算論（'16）」（いずれも，放送大学教材）などを参照のこと．

$$\mathbb{Q} = \left\{ 0, \frac{1}{1}, -\frac{1}{1}, \frac{1}{2}, -\frac{1}{2}, \frac{2}{1}, -\frac{2}{1}, \frac{1}{3}, -\frac{1}{3}, \frac{3}{1}, -\frac{3}{1}, \right.$$
$$\left. \frac{1}{4}, -\frac{1}{4}, \frac{2}{3}, -\frac{2}{3}, \frac{3}{2}, -\frac{3}{2}, \frac{4}{1}, -\frac{4}{1}, \cdots \right\}$$

分母が1の有理数を考えられることから，整数は有理数に含まれることがわかる．

（4）実数と無理数

実数の定義は，簡単ではない．比較的「わかりやすい」定義としては，「有理数の数列で収束する値」になっているかどうか，という定義である．これは，言い換えるなら，「小数点以下を何桁でも増やしていけば，その値をどんどんと正確に書くことができる」という性質を持った値とも言える．ただし，現時点では「収束」とは何か，「正確に」とは何かを定義していないので，この定義では厳密ではないものの，本書では，この説明にとどめる[3]．実数の集合は $\mathbb{R}$ と書く．

$$\mathbb{R} = \{ r \mid \text{ある有理数の数列} \{a_n\} \text{があって，} a_n \to r \}$$

後述するように，有理数を小数表記していくと，途中で必ず0が続くか，循環小数になる．また，第2章（(5) 循環小数と有理数，p.34）で述べるように，循環小数で書ける数は，かならず有理数である．したがって，有理数は実数に含まれることがわかる．

だが，小数点以下の桁数を，どれだけ増やしても循環しないが，一定の値に近づいていく場合，それは実数であるが，有理数ではない．この数を**無理数**という．すでに述べたとおり，これは「比を持たない数」であるから，「無比数」と考えるのがよい．無理数の例としては，$\sqrt{2}$，$\sqrt[3]{2}$，π などがある．

---

[3] 数学の専門書では，「$\epsilon - \delta$ 論法」と呼ばれる論法がしばしば用いられる．

4. 位取り記数法

　記数法とは，数をどのようにして表現するか，という方法のことである．ここでは，**位取り記数法**を取り上げる．位取り記数法とは，あらかじめ設定したいくつかの文字を数字として用い，その数字の並びを数として認識するために，桁の概念を利用する表記方法である．

(1) 位取り記数法での数え方

　ものの個数のように，自然数に相当する数を数えるときに利用する．ここではまず，十進法を例にして，位取り記数法を説明する．

　まず，（零に割り当てる数字以外の）数字1文字を，自然数に順に割り当てていく．

$$1, 2, 3, 4, 5, 6, 7, 8, 9$$

これですべての数字を利用した．ここでは表現できない，「その次の数」を表現するために数字を2つ並べる．このとき，11とせずに，新しい数字0を利用して，10とする．このようにしていくと，

$$1, 2, \cdots, 9, 10, 11, \cdots$$

となり，我々がよく知っている十進法による数の表記を得ることができる．また，この際に用いた0は，「何もない」という概念を表記するのに用いることができる．

　位取り記数法での表記と数の関係の例を挙げておく．

$$97 = 9 \times 10 + 7 \times 1$$
$$602 = 6 \times 10^2 + 2 \times 1$$
$$8128 = 8 \times 10^3 + 1 \times 10^2 + 2 \times 10 + 8 \times 1$$
$$= (((8 \times 10) + 1) \times 10 + 2) \times 10 + 8$$

（2） n 進法

n 個の数字を利用する位取り記数法を n 進法という．10 進法と書くと，誤解されることがあるので，十進法と書くが，これは，$n=10$ の場合である．（本章冒頭に述べたように，この右辺の 10 は，十を表している．）このとき，n を**基数**という．文脈から基数を推定できない場合は，$1234_{(10)}$ や，$(1234)_{10}$ のように，数字の並びに基数を添えることがある．

例えば，n 進法の数字を 5 個利用して $d_5 d_4 d_3 d_2 d_1$ と表される数は，次の等式を満たす．

$$d_5 d_4 d_3 d_2 d_{1(n)} = d_5 \times n^4 + d_4 \times n^3 + d_3 \times n^2 + d_2 \times n^1 + d_1$$
$$= (((((d_5 \times n) + d_4) \times n + d_3) \times n + d_2) \times n) + d_1$$

（3） 二進法

使用する数字を 2 種類にした位取り記数法を，二進法という．通常は，二進法の数は，アラビア数字の 0 と 1 を用いて，以下のように表す．

0, 1, 10, 11, 100, 101, 110, 111, 1000, 1001, 1010, 1011

二進法については，次章で詳しく述べる．

（4） 基数ごとの表記法

コンピュータの内部で，データを取り扱う場合，その数字の列が二進法表記なのか，十進法表記なのか，十六進法表記なのかを，明示するときに，その数の前，あるいは後ろに特別な記号列をつけることがある．

表 1.1 基数ごとの表記法

基数	使用例	由来
十六	0x2C, 2CH など	hexadecimal
十	0d44, 44d など	decimal
八	0o134, 134o, 0134 など	octal
二	0b101100, 101100b など	binary

この表にあるように，数表記の前（左）に 0 を書くと，八進での表記とみなされることがある．これは，次章で述べる固定長表記をしたときと混同されることから，注意が必要である．

(5) 歴史

位取り記数法が発明されたのは，いつのことかという記録はない．現在わかっている範囲では，遅くとも 8 世紀にはヒンドゥーで使用されていた．だが，この当時は，0 が用いられておらず，0 の代わりは空白で代用されていた．そのため，数字と空白の並びが，どの数を表しているのかは，その表現だけで判断できない状況であった．一方で，9 世紀から 10 世紀頃のアラビア・インド数学が，位取り記数法を採用している．ここには 0 が利用されている．

このような経緯から，このときに利用される数字は**アラビア数字**と呼ばれ，また，「0 はインド人によって発見された」という話が広く知られるようになっている．

5. 数字と記数法

現在，我々が使用している数字は，アラビア数字と呼ばれるものである．アラビア数字が広く普及する前から，さまざまな数字が利用されてきた．

(1) 古代メソポタミア（バビロニア）での数字

メソポタミア文明が興った古代バビロニアでは，楔形文字を用いていた．数字もまた，楔形文字で表されていた．また，60 進の位取り記数法が採用されていたが，零に相当する文字がなかったため，そこは空白を利用していた．

1	𒁹	11	𒌋𒁹	21	𒎙𒁹	31	𒌍𒁹	41	𒐏𒁹	51	𒐐𒁹
2	𒈫	12	𒌋𒈫	22	𒎙𒈫	32	𒌍𒈫	42	𒐏𒈫	52	𒐐𒈫
3	𒐈	13	𒌋𒐈	23	𒎙𒐈	33	𒌍𒐈	43	𒐏𒐈	53	𒐐𒐈
4	𒐉	14	𒌋𒐉	24	𒎙𒐉	34	𒌍𒐉	44	𒐏𒐉	54	𒐐𒐉
5	𒐊	15	𒌋𒐊	25	𒎙𒐊	35	𒌍𒐊	45	𒐏𒐊	55	𒐐𒐊
6	𒐋	16	𒌋𒐋	26	𒎙𒐋	36	𒌍𒐋	46	𒐏𒐋	56	𒐐𒐋
7	𒐌	17	𒌋𒐌	27	𒎙𒐌	37	𒌍𒐌	47	𒐏𒐌	57	𒐐𒐌
8	𒐍	18	𒌋𒐍	28	𒎙𒐍	38	𒌍𒐍	48	𒐏𒐍	58	𒐐𒐍
9	𒐎	19	𒌋𒐎	29	𒎙𒐎	39	𒌍𒐎	49	𒐏𒐎	59	𒐐𒐎
10	𒌋	20	𒎙	30	𒌍	40	𒐏	50	𒐐		

図 1.1 古代バビロニアの数字

（2）ローマ文明での数字

古代ローマで使用されていた数字は，現在でも**ローマ数字**として，広く知られている．ここに，その記法をまとめておく．

・まず，いくつかの数を1つの文字で表す．

表 1.2 ローマ数字と数

1	5	10	50	100	500	1000
I	V	X	L	C	D	M

・次に，1文字で表せない数は，数の組み合わせを利用して，最も少ない文字数で表せるようにする．

表 1.3 ローマ数字の組み合わせによる数表現

2	3	6	30	35	121	1780
II	III	VI	XXX	XXXV	CXXI	MDCCLXXX

- ある数に対して，同じ文字を4つ並べなくてはいけないとき，それより小さい数を引き算として左に添えて表す．

表 1.4 ローマ数字の組み合わせによる数表現

数	4	9	40	90	444
本来の表記	IIII	VIIII	XXXX	LXXXX	CCCCXXXXIIII
減数表記	IV	IX	XL	XC	CDXLIV

（3）算木

算木は，古代中国や，日本で，以前から計算に用いられていた，計算用の道具である．

小さな木を並べて数を表し，計算をすすめることが可能であった．

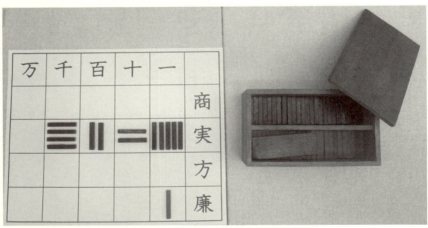

図 1.2 算木（富山県滑川市立博物館所蔵岩城家文書より）

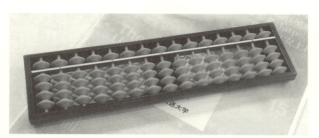

図 1.3　そろばん

（4）そろばんによる数表現

算木は，数を表現する方法でもあり，簡単な計算をする方法でもあった．算木と同様に，そろばんもまた，数を表現し，そして，数の計算ができる道具である．そろばんについては，第 3 章で詳しく述べる．

（5）十干十二支

十干十二支は，古くから用いられている記数法である．2 文字を用いる固定長表現（次章で述べる）であるが，位取り記数法ではない．

表 1.5　十干十二支と自然数の対応

01 = 甲子	13 = 丙子	25 = 戊子	37 = 庚子	49 = 壬子
02 = 乙丑	14 = 丁丑	26 = 己丑	38 = 辛丑	50 = 癸丑
03 = 丙寅	15 = 戊寅	27 = 庚寅	39 = 壬寅	51 = 甲寅
04 = 丁卯	16 = 己卯	28 = 辛卯	40 = 癸卯	52 = 乙卯
05 = 戊辰	17 = 庚辰	29 = 壬辰	41 = 甲辰	53 = 丙辰
06 = 己巳	18 = 辛巳	30 = 癸巳	42 = 乙巳	54 = 丁巳
07 = 庚午	19 = 壬午	31 = 甲午	43 = 丙午	55 = 戊午
08 = 辛未	20 = 癸未	32 = 乙未	44 = 丁未	56 = 己未
09 = 壬申	21 = 甲申	33 = 丙申	45 = 戊申	57 = 庚申
10 = 癸酉	22 = 乙酉	34 = 丁酉	46 = 己酉	58 = 辛酉
11 = 甲戌	23 = 丙戌	35 = 戊戌	47 = 庚戌	59 = 壬戌
12 = 乙亥	24 = 丁亥	36 = 己亥	48 = 辛亥	60 = 癸亥

十干とは，「甲（こう）・乙（おつ）・丙（へい）・丁（てい）・戊（ぼ）・己（き）・庚（こう）・辛（しん）・壬（じん）・癸（き）」という文字群である．

十二支とは，「子（ね）・丑（うし）・寅（とら）・卯（う）・辰（たつ）・巳（み）・午（うま）・未（ひつじ）・申（さる）・酉（とり）・戌（いぬ）・亥（い）」という文字群である．

十干十二支とは，これらを組み合わせて，1から60までの数を表現することがある．

これは，「1文字目は十干」「2文字目は十二支」で，数が1増えると，それぞれが1ずつ進むようになっている．ただし，十干も十二支も，最後まで使うと最初に戻る仕組みである．

6. 命数法と，桁区切りと小数点

(1) 命数法

命数法とは，大きな数を表すときに使う呼び名で，日本語では「十 = 10，百 = 10^2，千 = 10^3，万 = 10^4，億 = 10^8」などがある．

英語では，大きな数を表す単位として，以下の単位がよく用いられる．

表 1.6　英語の命数法

thousand	1,000	千
million	1,000,000	百万
billion	1,000,000,000	十億
trillion	1,000,000,000,000	兆

一方で，大きな数を呼ぶ単位も，よく用いられている．

表 1.7　単位の一部

キロ	k	1,000	千
メガ	M	1,000,000	百万
ギガ	G	1,000,000,000	十億
テラ	T	1,000,000,000,000	兆

コンピュータの世界では，演算の基本が二進法となるため，以下の書き方をすることもある．

表 1.8　コンピュータの内部でのバイトを扱う単位

キビ	KiB	1,024	2^{10}
メビ	MiB	1,048,576	2^{20}
ギビ	GiB	1,073,741,824	2^{30}
テビ	TiB	1,099,511,627,776	2^{40}

（2）桁区切りと小数点

我々は，日常生活で数を表記するとき，誤解がないように，数を適当に区切る．これを**桁区切り**という．

日本人にとって，十進法では，日本語の命数法が 4 桁を基準としている（万進）ので，本来なら 4 桁ごとに区切ると読みやすいが，欧米の 3 桁区切りに合わせて表記することが多い．

ところで，二進法では，8 ビット表記を 4 ビットずつ区切ることがある．このようにすると，4 ビットは 16 であることから，十六進法表記の 1 文字として読み取りやすい．

$$0010\ 1100_{(2)} = 2C_{(16)}$$

一方で，インターネットで利用される IP アドレスは，32 ビットのデータである．例えば，www.ouj.ac.jp の IP アドレスは，202.236.107.165 となっているが，これは，32 ビットを 8 ビットずつ区切り，それぞれを十進法で表記した書き方である．

桁区切りの記法は，国によって異なっている．いくつかの国では，日本とコンマ（,）とピリオド「.」の使い方が逆になっていたり，3 桁区切りを空白で区切ったりしている．

表 1.9　桁区切りと小数点

日本	1,234,567.891
ドイツなど	1.234.567,891
フランス	1 234 567,891

演習問題

1.1 もし，「数字」として，「北」「東」「南」「西」を使うなら，数字は四個となる．これらを使った演算も考えられる．「数字」として「北」「東」「南」「西」を使い，桁長3で数値を表現してみよ．また，四個の数字をつかって，掛け算の「三三の表」（十進法の「九九の表」に該当するもの）を作れ．

1.2 以下の数を，ローマ数字を用いた記数法で表せ．
   (a) 28
   (b) 491
   (c) 1997
   (d) 2014

1.3 十干十二支には，「己辰」はない．
   (a) このように，存在しない組み合わせは，合計でいくつあるか．
   (b) なぜ，存在しない組み合わせが存在するのか，述べよ．

参考文献

加藤文元『物語 数学の歴史 中公新書』（中央公論新社，2009 年）

森 毅『数学の歴史 講談社学術文庫』（講談社，1988 年）

島内剛一『数学の基礎 シリーズ日評数学選書（名著の復刊）』（日本評論社，2008 年）

渡辺 治『コンピュータサイエンス』（丸善出版，2015 年）

2 | 二進法・ビット・整数の計算

辰己 丈夫

《**目標＆ポイント**》 主に数学の計算などに用いられるアルゴリズムには，反復繰り返しを伴うものが多い．一方で，二進法による表現を利用した計算方法などもある．ここでは数学的な計算とアルゴリズムについて説明する．また，指数対数の計算も学ぶ．
《**キーワード**》 基数の変換，循環小数，指数・対数，剰余

【はじめに】本章は，「コンピュータとソフトウェア」（'18）の第6章と重複している部分があります．

1. 数の表記法に関する思考実験

まだ，数と，数の表記方法の区別が明確でなかった時代は，数とは数の表記そのものであり，数の表記とは数字の並びであった．我々は古代からさまざまな方法で個数を，すなわち，自然数を表してきたが，その基本となるのは，現在私たちが住んでいる地球の上で知的動物として暮らしている動物である人間の指の本数を利用した，個数の表現方法である．これは，ものの個数を数えるときは，両手の指を利用することから，両手の指の本数を利用した数の表記方法が原始的にでき上がったのである．

このことは，思考実験をしてみるとすぐにわかる．もし，我々，地球上の人間が知らない，ある星の知的生命体が，ものの個数を数えるとする．その生物には，手が2本あり，片手で7本の指があるとする．この

とき，この知的生命体は，ものの個数を数えるとき，我々が用いる十進法を採用するだろうか？

もしかすると，位取り記数法を発見していて，十四進法を採用しているかもしれない．しかし，位取り記数法を発見しておらず，別の方法で数を表現しているかもしれない．別の方法は，我々が知らない「よい」方法かもしれないし，我々が知っている「よくない」方法かもしれない．もし，知的生命体には，指や腕に相当するものがない場合でも，なんらかの方法で数を表記するであろう．

いずれにしても，現在，この地球上で暮らしている私たちが，採用している方法は，全宇宙で通用する方法ではないということである．

2. 二進法とビット

現在の我々の生活は，コンピュータなしには考えられない．「コンピュータは二進法で動いている」と言われることが多いが，この言葉の意味は深淵である．ここでは，数の二進法表現と，ビット列との関係，固定長と可変長，そして，計算手順と数の関係について，簡単に述べる．

(1) ビット

ビットとは，2種類の値のいずれかとなる数のことである．ビットを並べたものをビット列という．通常，ビットは0か1で表され，したがってビット列は二進法の数と同じように見える．

(2) 固定長と可変長

位取り記数法では，自然数を表記するときに，その数の大きさに合わせて，多数の数字を利用する．さまざまな数を取り扱う際に，その**桁数**は一定でないため，どんな大きな数でも表記できる．これを，**可変長表**

記という．最も左の数字は 0 ではなく，かならず 1 から 9 までの数となる．

一般に，数学では可変長表記を用いる．本書のページ番号のような表記も可変長表記である．

一方で，**固定長表記**とは，一定個数の数字を使うように，位取り記数法の表記の左側に 0 を並べた数表記である．n 桁の数字を用いた表記は「n 桁表記」という．また，n 個のビットを用いたビット列で表記する場合，n **ビット表記**という．

以下に，固定長表記の例を挙げる．

1) 電気・ガスの使用量の計測器や，計数器（カウンター），自動車の走行距離を表す表示計は「000813」（この場合は 6 桁表記）のように，走行距離を表す左側が「0」で埋められた固定長となっている．

図 2.1　計数器（カウンター）

2) 電話番号や ISBN，クレジットカードの会員番号などは，固定長で表記しているが，0001 番から順番に増えていくようなものではない．

3) 自動車の登録ナンバーは，4 桁の固定長である．しかし，（左側は，「・」を空白とみなせば）最大 4 桁の可変長表記である．（桁数が 3 桁か 4 桁のときは，2 桁区切りとして「ハイフン」を挿入する．）

| 某市 500 | 某市 500 | 某市 500 |
| ふ・・ ・2 | へ・6 - 02 | ほ 55 - 23 |

（3）固定長への変換

8ビット表記を採用した場合，$65_{(10)}$ を二進法で表すと，$1000001_{(2)}$ という7桁の二進法表記となるが，これを8ビット表記になるように，左に1つの'0'を追加し，さらに通常は読みやすく，4文字ごとに桁区切りを入れ，$0100\ 0001_{(2)}$ とする（表2.1）．

表2.1 二進法表記と固定長表記

二進法表記	1	1000001	10000001
8ビット表記	0000 0001	0100 0001	1000 0001

（4）桁あふれの取り扱い

n ビット固定長表記での計算途中で，数が大きくなり過ぎて桁が足りなくなったときに，**桁あふれ**が発生した，という．このときに，右側の n ビットだけを用いると，計算結果を 2^n で割ったあまりを求めることができる[1]．

例えば（表2.2），265の「8ビット表記の右側8ビット」は，「265を256で割った余り＝9の8ビット表記」と同じである．

表2.2 桁あふれの対応

十進法表記	9	265
二進法表記	1001	100001001
8ビット表記	0000 1001	桁あふれ
二進法表記の右側8ビット	0000 1001	0000 1001

---

[1] ある数の十進法表記の右3桁は，その数を1000で割った余りであることと，同様である．

3. 基数の変換計算

(1) 二進法と八進法の相互変換

八進法で扱われる数字は8種類ある．これを0, 1, 2, 3, 4, 5, 6, 7と記す．ここで，$8=2^3$ なので，次の表にしたがって二進法3桁を利用し，八進法1桁を表すことができる．

表2.3　二進法と八進法の相互変換

八進法	0	1	2	3	4	5	6	7
二進法	000	001	010	011	100	101	110	111

例えば，次の式が成り立つ．

$351_{(8)} = 011\ 101\ 001_{(2)} = 011101001_{(2)}$

（左端の0を取り除くと $11101001_{(2)}$）

二進法で書かれた数を八進法で表記するときは，二進法表記の右から3ビットずつを区切り，それぞれを八進法で読めばよい．

(2) 二進法と十六進法の相互変換

十六進法で扱われる数字は16種類ある．これを 0, 1, 2, 3, 4, 5, 6, 7, 8, 9 と，A, B, C, D, E, F で記す．十六進法は次の表で変換できる．

表2.4　二進法と十六進法の相互変換

十六進法	0	1	2	3	4	5	6	7
二進法	0000	0001	0010	0011	0100	0101	0110	0111
十六進法	8	9	A	B	C	D	E	F
二進法	1000	1001	1010	1011	1100	1101	1110	1111

例えば，次の式が成り立つ．

$A3_{(16)} = 1010\ 0011_{(2)} = 10100011_{(2)}$

二進法で書かれた数を十六進法で表記するときは，二進法表記の右か

ら4ビットずつを区切り，それぞれを十六進法で読めばよい．

例：11000000010100000000000000000000$_{(2)}$

= 1100 0000 0101 0000 0000 0000 0000 0000$_{(2)}$ = C0500000$_{(16)}$

（3）二進法と十進法の変換

十進法から十進法へ

まず，十進法表記の数値から，十進法表記の各桁の数字を取り出す方法を考える．

以下では，十進法で1179と表される数を用いる．この数（4つの数字の並び）は，

$$1179 = 1 \times 10^3 + 1 \times 10^2 + 7 \times 10^1 + 9 \times 10^0$$

という式で表される値を表している．（$10^0 = 1$ である．）

さて，1179という数の1の位の数字9は，1179を10で割った余りとして求めることができる．では，10の位の数字7を求めるにはどうすればいいか？それは，さきほど行った割算の商の値117の1の位を取り出せばいい．

$$1179 \xrightarrow{9} 117 \xrightarrow{7} 11 \xrightarrow{1} 1$$

まとめると，以下の通りになる．

- 10で割った余りを書く→9
- そのときの商を10で割った余りを書く→7
- さらに，次の商を10で割った余りを書く→1
- さらに，次の商を10で割った余りを書く→1

十進法から二進法へ

上の計算のときの，割る数10を2と読み替えるだけで二進法の各桁を求めることができる．

例えば，十進法で 11 と表される数を二進法で表すと，

$$11 \xrightarrow{1} 5 \xrightarrow{1} 2 \xrightarrow{0} 1$$

よって，$11 = 1011_{(2)}$ がわかる．

二進法から十進法へ

数字「1, 1, 7, 9」を利用して，1179 という数値を次の方法で組み立ててみる．

$$1 \xrightarrow{1} 11 \xrightarrow{7} 117 \xrightarrow{9} 1179$$

この組み立て方の特徴は，
- 元の数値の左から数字を見て
- 10 倍しながら加える

という操作の繰返しになっている．

同じことを二進法表記でも考えることができる．二進法の場合は，桁が 1 つ増える毎に値は 2 倍になる．そのことに注意すると，次の関係式を得る．

$$(1) \xrightarrow[2]{0} (10) \xrightarrow[2]{1} (101) \xrightarrow[2]{1} (1011)_2$$

これを十進法で書いてみると

$$1 \xrightarrow[]{0} 2 \xrightarrow[]{1} 5 \xrightarrow[]{1} 11$$

となる．すなわち，$1011_{(2)} = 11$ である，といえる．

（4）小数点の取り扱い

二進法から十進法へ

十進法の場合，整数部分（小数点の左）に並んだ数字は，右に進むと，

「万→千→百→十」のように $\frac{1}{10}$ 倍の値になっていく．そこで，位取り記数法では，小数点の右に並べられた数字も，右に進むほどに $\frac{1}{10}$ 倍とする．すなわち，

$$1.27 = 1 + 2 \times \frac{1}{10} + 7 \times \frac{1}{10^2}$$

を表している．このことから，小数点の位置が右に動くと値は 10 倍になる．例えば

$$1.27 \xrightarrow{10\,\text{倍}} 12.7 \xrightarrow{10\,\text{倍}} 127$$

二進法の場合も同じように「小数点の位置が右に動くと値は 2 倍になる」として現われる．すなわち，

$$1.101_{(2)} \xrightarrow{2\,\text{倍}} 11.01_{(2)} \xrightarrow{2\,\text{倍}} 110.1_{(2)} \xrightarrow{2\,\text{倍}} 1101_{(2)} = 13$$

よって，$1.101_{(2)} = \dfrac{1101_{(2)}}{2^3} = \dfrac{13}{2^3} = 1.625$ となる．

十進法から二進法へ

二進法での小数表記を求める．

- $x = 0.0\cdots_{(2)}$ と表されるならば，$2x = 0.\cdots_{(2)}$ となる．
- $x = 0.1\cdots_{(2)}$ と表されるならば，$2x = 1.\cdots_{(2)}$ となる．

以上より，x を 2 倍して，1 より大きいかどうかをしらべると，小数第 1 位の数字が 1 か 0 かがわかる．また，小数第 2 位は，$2x$ の小数第 1 位になっているので，$2x$ の小数部分を 2 倍して調べることで，そこが 0 か 1 かがわかる．まとめると，

- x を 2 倍する．
- $2x$ が 1 以上か 1 未満かを調べる．
- $2x$ の小数部分を取り出す．
- 取り出した数を 2 倍する．
- この作業を「小数部分が 0 になる」あるいは「小数部分に一度出てきたものと同じものが出てくる」まで続ける．

例えば,

$$0.625 \times 2 = 1.25 = 1 + 0.25$$
$$0.25 \times 2 = 0.5 = 0 + 0.5$$
$$0.5 \times 2 = 1 = 1 + 0$$

なので,$0.625 = 0.101_{(2)}$ であることがわかる.

(5) 循環小数と有理数

循環小数とは,小数点より右に,「数字の列」として同じものが繰り返される場合の記述法である.繰り返す部分(2文字以上であれば,その両端)の数字の上に・をつける.

$$\frac{1}{3} = 0.33333\ldots = 0.\dot{3}, \quad \frac{2}{7} = 0.285714285714\ldots = 0.\dot{2}8571\dot{4}$$

ここで,以下の点について確認しておく.

- **循環小数で書ける数は有理数である**

例えば,$x = 0.\dot{7}6923\dot{0}$ とすると,$1000000x = 769230.\dot{7}6923\dot{0}$ より,$999999x = 769230$ となり,$x = \dfrac{769230}{999999} = \dfrac{10}{13}$ となる.同様の計算をすれば,循環小数は分母が自然数,分子が整数の分数で書けるから,有理数である.

- **どんな有理数も有限桁の小数か,循環小数で書ける**

有理数の小数表現を求める際に,割り算を行っていくが,現れる余りは,多くても b 通りである.余りが 0 になれば,そこで計算は終わり,同じ余りが現れると,循環を始める.

このように,循環小数について考えることで,有理数の定義を考察した.

記数法と循環小数

ところで,例えば,$\dfrac{1}{2}, \dfrac{1}{3}, \dfrac{3}{5}, \dfrac{2}{7}$ のように,整数 a と自然数 b を用いて,$\dfrac{a}{b}$ と書ける数は,十進法では有限桁か循環小数となるが,b 進

法を利用すれば，
$$\frac{1}{3} = 0.1_{(3)}, \quad \frac{2}{7} = 0.2_{(7)}$$
のように，必ず，小数第1位で表現できる．一方，
$$0.8 = (0.110011001100\cdots)_{(2)} = 0.1\dot{1}00\dot{0}_{(2)}$$
の場合は，十進法では循環しないが，二進法では循環小数となってしまう例である．（確認せよ．）

このように，有理数を小数で表記する際には，何進法を採用しているかによって，有限桁になるか，循環小数で書けるかは異なる．

4. 累乗・指数・対数・階乗

（1）累乗と指数関数

2つの自然数，a, n に対して，a^n を，「a の n 乗」といい，この表現方法を**累乗**という．a^n は，古典的には a を n 回掛けたものである．また，a^n という表現のとき，a を**底**，n を**指数**ということがある．

1) $a^0 = 1$
2) $a^x \times a^y = a^{x+y}$
3) $(a^x)^y = a^{xy}$

これを指数法則という．この法則は，x, y が自然数でも整数でも有理数でも成立するように定めることが可能であり，結果として，$y = a^x$ という指数関数を考えることができる．

例えば，
$$a^{-1} \times a^1 = a^{-1+1} = a^0 = 1 \text{ よって } a^{-1} = \frac{1}{a}$$
や，
$$(a^{\frac{1}{2}})^2 = a^{\frac{1}{2} \times 2} = a^1 = a \text{ よって } a^{\frac{1}{2}} = \sqrt{a}$$
などであり，一般には，

1) $a^{-x} = \dfrac{1}{a^x}$

2) $a^{\frac{x}{y}} = \sqrt[y]{a^x}$

が成り立つ．さらに無理数の場合は，有理数の近似列をつかって対応させる．例えば，

$$a^1, \ a^{1.4}, \ a^{1.41}, \ a^{1.414}, \ a^{1.4142}, \ a^{1.41421}, \ a^{1.414213}, \ a^{1.4142135}, \ \cdots$$

の数列の極限値を $a^{\sqrt{2}}$ と定める．

指数関数は急に大きくなる

例えば，$f(x) = 10x^2$，$g(x) = 2^x$ とすると，$f(1) = 10$，$g(1) = 2$ なので，$f(1) > g(1)$ であるが，x を大きくしていくと，$x = 10$ の時点で $f(10) = 1000$ で $g(10) = 1024$ となり，以後，常に $f(x) < g(x)$ が成り立つ．

もし，$f(x) = 100x^3$ としても，$f(x) = 1000x^4$ としても，そして，$f(x) = 1000000x^{10000}$ としても，ある値より x を大きくすると，常に $f(x) < g(x)$ が成り立ってしまう[2]．

（2）対数関数

a を1でない正の実数とする．いま，$c = a^b$ が成立しているとき，$b = \log_a c$ と書き，これを「a を底とする c の対数は b である」という．次の等式が成り立つ．

1) $\log_a x + \log_a y = \log_a xy$
2) $\log_a (x^y) = y \log_a x$
3) $\log_x a = \dfrac{1}{\log_a x}$ （ただし $x > 0$ かつ $x \neq 1$）
4) $(\log_a b)(\log_b c) = \log_a c$ （ただし $b > 0$ かつ $b \neq 1$）

また，$y = \log_a x$ と表される関数 $\log$ を対数関数という．ここで，a

---

[2] 一般的には，微分法を利用すると証明することができる．$F(x) = 2^x - \sum_{k=0}^{p} \dfrac{x^k}{k!}$ とおき，$x > 0$ のとき $F(x) > 0$ となることを，p に関する数学的帰納法で示す．$2^x = e^{x \log 2}$ も利用する．

を対数関数の**底**といい，x を**真数**という．

（3）底の交換

指数関数でも対数関数でも，底を交換することができる．

指数の底の交換

$8 = 2^3$ なので，$8^x = (2^3)^x = 2^{3x}$ が成立する．ここで，$3 = \log_2 8$ であったことに注意すると，$8^x = 2^{(\log_2 8)x}$ と書くことができる．この計算法則を一般化させると次の規則を得る．

a, b を 1 でない正の実数，x は実数のとき，$a^x = b^{(\log_b a)x}$ が成り立つ．

対数の底の交換

a, b を 1 でない正の実数，x を実数とするとき，対数の定義から，次の 3 式が成り立つ．

- $x = b^{\log_b x}$ ……(1)
- $b = a^{\log_a b}$ ……(2)
- $x = a^{\log_a x}$ ……(3)

(2) を (1) に代入すると，$x = (a^{\log_a b})^{\log_b x} = a^{(\log_a b)(\log_b x)}$ となる．これを (3) と比較すると，

$$x = a^{\log_a x} = a^{(\log_a b)(\log_b x)}$$

となる．指数部分を比較すると，

$$\log_a x = (\log_a b)(\log_b x)$$

が成り立つ．以上をまとめると次の法則が成り立つ．

a, b を 1 でない正の実数，x を実数とするとき，

$$\log_a x = (\log_a b)(\log_b x) \quad \text{すなわち} \quad \log_b x = \frac{\log_a x}{\log_a b}$$

が成り立つ．

（4）桁数

十進法で2桁までで表せる数値は何個あるか，という問題の答えは，0から99までの100個である．これを数値として考えるのではなく，「0～9の10個の数字を2個並べてできる場合の数」として $10^2 = 100$ と考えることもできる．

同じように，十六進法では2桁で $16^2 = 256$ 通りの数値を表すことができる．これは，「0～Fまでの16個の数字を2つ並べてできる場合の数」として考えればよい．このようにして考えると，

一般に p 進法では，n 桁で p^n 通りの数値を表せる

といえる．

（5）階乗

n の階乗 $n!$ を，次の式で定義する．
$$n! = 1 \times 2 \times \cdots \times (n-1) \times n$$

このとき，$3! = 1 \times 2 \times 3 = 6$，$4! = 3! \times 4 = 24$，$5! = 4! \times 5 = 120$ などがなりたつ．階乗を利用すると，

A, B, C, D の4つの文字の並べ方の場合の数は，$4! = 24$ 通り

のように，組み合わせの場合の数を求めるときに表現が簡単になる．

5. 整数の計算

（1）倍数

0でない整数 a, b, c について，$a = bc$ の関係が成り立っているとき，「a は b の**倍数**である」および「a は c の倍数である」という．また，このとき「a は b で割り切れる」および「a は c で割り切れる」という．これを，「$b \mid a$」や「$c \mid a$」と書くことがある．

- 整数 x と y の両方の約数を，「x と y の**公約数**」という．
- 正の公約数で最大のものを**最大公約数**という．$(x_1, \cdots, x_n)$ で，$x_1, \cdots, x_n$ の最大公約数を表すことがある．

（2）素数

1 と自分自身以外に約数を持たない数を，**素数**（prime number）という．素数でない数を**合成数**という．x と y の最大公約数が 1 となるとき，「x と y は互いに素である」という．

（3）商・剰余

整数 $x, y (y \neq 0)$ について，「x を y で割ったときの余り（remain）が r となる」とは，

適当な整数 q をとると，$x = yq + r$ かつ $0 \leq r < |y|$ が成り立つ

（$x - r$ が y の倍数となる）

こととする．また，このときの整数 q を**商**といい，余りを**剰余**という．

したがって，$x < 0$ や $y < 0$ の場合でも商や余りを考えることができる．例えば，-6 を 10 で割ると，$-6 = 10 \times (-1) + 4$ であるから，「商は -1，余りは 4」となる．

（4）剰余の特徴

例えば，十進法で $x = 6355947$ という数と，$y = 1247$ という数では，右側の 2 桁（下 2 桁）が同じである．このとき，「（x を 100 で割った剰余）=（y を 100 で割った剰余）」が成立している．また，「$x - y$ は，100 で割り切れる」ことがわかる．

整数 x, y, p $(p \neq 0)$ について，

$$(x \text{ を } p \text{ で割った剰余}) = (y \text{ を } p \text{ で割った剰余})$$

が成立しているとき，
$$x \equiv y \pmod{p}$$
と書き，「x と y は，p を法として合同である」という．

$x, x_1, x_2, y, y_1, y_2, p(p \neq 0)$ を整数とする．このとき，次の性質が成立する．

1) $x \equiv y \pmod{p} \iff x - y \equiv 0 \pmod{p}$
2) $x \equiv y \pmod{p} \implies kx \equiv ky \pmod{p}$（ただし，$k$ は任意の整数）
3) 「$x_1 \equiv y_1 \pmod{p}$ かつ $x_2 \equiv y_2 \pmod{p}$」$\implies x_1 + x_2 \equiv y_1 + y_2 \pmod{p}$
4) 「$x_1 \equiv y_1 \pmod{p}$ かつ $x_2 \equiv y_2 \pmod{p}$」$\implies x_1 x_2 \equiv y_1 y_2 \pmod{p}$
5) $x \equiv y \pmod{p} \implies x^k \equiv y^k \pmod{p}$（ただし，$k$ は任意の整数）

演習問題

2.1 身近にある,数字を使ったさまざまな表記を,固定長と可変長と「それ以外」に分類せよ.

2.2 以下の基数法の底の変換をせよ.
   (a) 十進法で $x = 508$ と表される数を,二進法と十六進法で表せ.
   (b) 二進法で $x = 101100011$ と表される数を,十進法で表せ.
   (c) 二進法で $x = 10110.0011$ と表される数を,十進法で表せ.
   (d) 十進法で $x = \frac{3}{5}$ と表される数を,二進法で表せ.

2.3 $16^x = 2^y$ のとき,y を x で表せ.

2.4 地震のエネルギー E とマグニチュード M の関係は,以下の式で表される.(計算しやすくするために近似した.)
$$E(M) = A \times 31^M$$
ここで,A はある正の定数である.
   (a) $M = 4$ である地震のエネルギー $E(4)$ は,$M = 3$ である地震のエネルギー $E(3)$ の何倍か.
   (b) $M = 5.1$ である地震のエネルギー $E(5.1)$ は,$M = 4.1$ である地震のエネルギー $E(4.1)$ の何倍か.
   (c) 1年を,365.25日であるとする.毎日,$M = 5$ の地震1回が発生するとするならば,何年分のエネルギーの総和が,$M = 8$ の地震1回のエネルギーになるか.

2.5 次の各項を証明せよ．

(a) $x \equiv y \pmod{p} \iff x - y \equiv 0 \pmod{p}$

(b) $x \equiv y \pmod{p} \implies kx \equiv ky \pmod{p}$（ただし，$k$ は任意の整数）

(c) 「$x_1 \equiv y_1 \pmod{p}$ かつ $x_2 \equiv y_2 \pmod{p}$」$\implies x_1 + x_2 \equiv y_1 + y_2 \pmod{p}$

(d) 「$x_1 \equiv y_1 \pmod{p}$ かつ $x_2 \equiv y_2 \pmod{p}$」$\implies x_1 x_2 \equiv y_1 y_2 \pmod{p}$

(e) $x \equiv y \pmod{p} \implies x^n \equiv y^n \pmod{p}$（ただし，$n$ は任意の正の整数）

参考文献

Knuth, D.E., 廣瀬健訳『基本算法 I 基礎概念（原著 The Art of Computer Programing）』（サイエンス社，1978 年）

Brian W Kernighan, 久野靖訳『ディジタル作法―カーニハン先生の「情報」教室―』（オーム社，2013 年）

3 | 計算のしかけ

高岡　詠子

《**目標&ポイント**》　本章では「計算」とは何かについて述べる．まず，最も身近な計算である四則演算を「計算」という観点からとらえ直して理解する．各種の暗算の手法についても紹介する．次に，コンピュータにとっての計算とは何かということを考え，現在のコンピュータの基礎理論であるチューリングの計算理論にも言及する．
《**キーワード**》　四則演算，暗算，計算，チューリング・マシン

1. 四則演算

　四則演算とは，加減乗除（加法：足し算，減法：引き算，乗法：掛け算，除法：割り算）の4つの演算のことである．たいていの場合，小学校で筆算を習うだろう．筆算について復習してみる．図3.1を見てほしい．13×18 を筆算で行う手順は下記のように行う．

　①　13×8 をまず行い，その結果を3行目に104と記入

　②　次は2行目の18の10の位の1と13を掛けるが，これは実際は図3.1にあるように 13×10 の10の位を取っているので筆算で書く場合

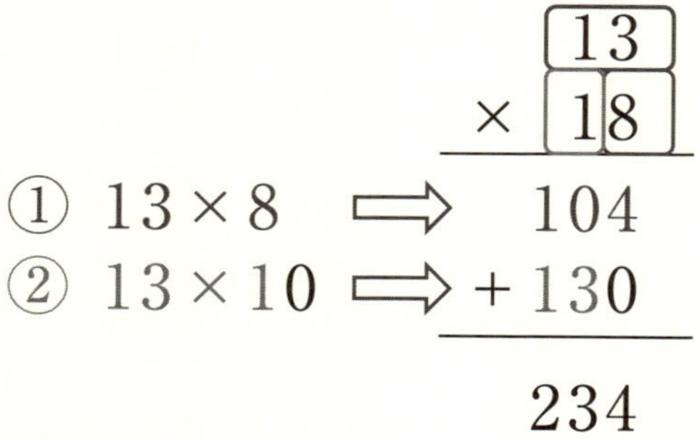

$$
\begin{array}{r}
13 \\
\times\ 18 \\
\hline
\end{array}
$$

①　$13 \times 8 \Rightarrow 104$
②　$13 \times 10 \Rightarrow +130$
$$\overline{234}$$

図 3.1　筆算

はこの 0 の桁があるものとしてその一桁分左にずらして 13 を書く．最後に①と②の結果を足して 234 という答えを得るわけである．このような計算を筆算しなくても暗算する手法がいくつかあるので，この章ではそれらについて学んでゆく．

2. 暗算を簡単に行う

28 + 134 の計算はそのまま暗算もできるが，28 + 2 − 2 + 134 = 30 + 132 のように一方の数値の一番近いきりの良い数に導くという計算もできる．54×9 は以下のような手順で計算できる．

$$54 \times 9 = 54 \times 10 - 54 \times 1 = 540 - 54 = 540 - 40 - 14 = 500 - 14 = 486$$

このような計算は自然に行っている人もいるのではないか．ここではもう少し複雑な計算を暗算で行う手法を紹介しよう．インド式暗算やエジプト式暗算と名づけられている暗算の手法や速算法に関する本や資料が最近多く出ているようである．しかし，これらは必ずしもインドやエジプトだけで使われているわけではなく，暗算法の多くは昔から日本でも使われてきているようである．ここでは，その中でもいくつか役に立つ暗算法を紹介し，なぜその手法で計算ができるのかを学ぶ．

（1）2桁の掛け算の暗算法

2桁の掛け算の暗算法をいくつか紹介する．

まず 68×62 のような，10 の位の数が等しく，1 の位の数同士を足すと 10 になる 2 つの数の掛け算から．このような掛け算は，10 の位の 6 に 1 を足した 7 を 6 に掛け（図 3.2 の①の 42 の部分，実際は 10 の位なので 60×70 に等しい），それを 100 の位と 1000 の位の部分に書く．8×2 を 4200 に足すという形で簡単に計算ができる．

この計算の原理を説明しよう．10 の位の数を x，1 の位の数を a と

$10-a$ とおけば2つの数の積は $(x+a)(x+10-a)$ である．この式を展開すると下記のようになる．

$$(x+a)(x+10-a) = (x+a)\{x+(10-a)\}$$
$$= x^2 + x\{a+(10-a)\} + a(10-a)$$
$$= x^2 + 10x + a(10-a) = x(x+10) + a(10-a)$$

$x=60$, $a=8$ のときは，
$$x(x+10) + a(10-a) = 60 \times 70 + 8 \times 2 = 4200 + 16$$

となる．10の位の数と10の位の数に1を加えた値を掛け合わせる部分が $x(x+10)$ の部分になる．

次に 47×67 のような，10の位の数同士を足すと10になり，1の位が同じ数の2つの数の掛け算暗算手法を紹介しよう．10の位の4と6をかけた24に1の位の7を加えた31を1000の位，100の位に書く．そして10の位と1の位の場所には $7 \times 7 = 49$ を書く．つまり3149，これで終わりである．この原理はこうである．10の位を a と $10-a$, 1の位を b と置くと，2つの数の積は $(10a+b)\{10(10-a)+b\}$ である．したがって以下のように展開できる．

$$(10a+b)\{10(10-a)+b\}$$
$$= 100a(10-a) + \{10(a+10-a)\}b + b^2$$
$$= 100\{a(10-a)+b\} + b^2$$

① $60 \times 70 \Longrightarrow 4200$
② $8 \times 2 \Longrightarrow + \underline{16}$
4216

図3.2 10の位の数が等しく1の位の数の和が10である2つの数の掛け算

例でいえば，$a(10-a)$ の部分が 24 で，$b=7$ を加えた 31 が 100 倍されているから結局 $3100+49$ の計算を行っていることになる．

では，もう少し複雑な例として，13×18，34×39 など，10 の位が同じ数（ただし 1 の位の数の和は 10 ではない）の掛け算を暗算する手法を紹介しよう．

数をその数に最も近い，その数より小さい 10 の倍数との和（$13=10+3$，$34=30+4$ など）と置く．13×18 の場合の下記の式を見てほしい．
$$13 \times 18 = (10+3) \times (10+8) = \underline{10 \times 10 + 10(3+8)} + 24 \cdots (1)$$
という式の下線部分に注目してほしい．ここを因数分解して
$\underline{10 \times 10 + 10(3+8)} = 10\{10+(3+8)\}$ と考えれば (1) 式は
$$10 \times (10+3+8) + 24 = 210 + 24 = 234 \cdots (2)$$
となる．3-1 節で説明した筆算とどこが違うか，図 3.3 を見てほしい．図 3.1 の①の手順を①と①′にわけて考えることができる．式 (2) と対応させると $10 \times (\underline{10} + \underline{3} + \underline{8\ }) + \underline{24}$ となる．

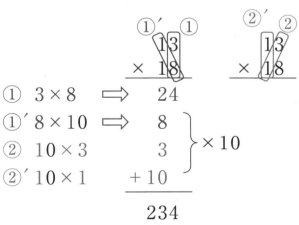

図 3.3　10 の位が同じ数の暗算法

これは次のような図形を用いて考えることもできる．13×18は図3.4左に示すような長方形と思えばよい．図3.1に示す筆算では①と①′の部分を先に計算し，次に②と②′の部分を計算しているのであるが，②の部分を図3.4右で示す位置に移動させてみよう．①′と②，②′を先に計算しておき，その後①を加えるというわけである．

34×39も同じように計算すると，(4+9+30)×30+4×9=1326である．

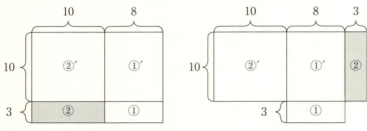

図3.4 面積で考える

10の位の数が違ったら使えないだろうか？少し複雑になるが同じような考え方をしてみよう．34×26を考えてみよう．この場合は34=20+14，26=20+6と考えれば (14+6+20)×20+6×14=884と計算できる．

100の位が入るとどうだろうか．基本的には同じである．112×109であれば，共通なのが100であるから，(12+9+100)×100+12×9=12208である．132×168のように一見難しそうに見えるものがあるが，これは100の位を除いた32と68を加えると100となる．このような場合は (100+32+68)×100+32×68を計算すればよい．

32×68の計算は30+2と30+38の積と考えれば，(30+2+38)×30+2×38を計算すればよい．

このように工夫して切りの良い数字を見つけることができればよい

が，これが1つずれて 132×167 であったらどうだろうか．132×168 を応用して考えれば簡単に計算できる．167＝168−1 であるから，先に 132×168 を計算しておき，132 を引けばよい．

（2）エジプトに伝わる計算

　この手法は二進法の考え方を使う．35×139 であれば，139 を 2^n の和で表す．139 は 128＋8＋2＋1 であることから，35×128＋35×8＋35×2＋35×1 を計算する．このとき，2^n の隣にもととなる 35 の倍数を次々に書いていけば記憶する必要もないし，25 のような切りのよい数ならばある程度記憶しておける．

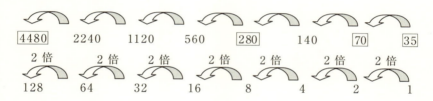

（3）割り算を単純化

　割り算の除数（割る数）と被除数（割られる数）に共通の約数があれば，両方をその約数で割ることができる．たとえば，621÷45 などという割り算は暗算ではしたくないが，621 も 45 も 3 で割り切れるので，(621÷3)÷(45÷3)＝207÷15 に帰着できる．ただし，621÷45＝13 余り 36，207÷15＝13 余り 12 のように余りも 3 で割られるので余りを出すときは気をつけよう．この原理は簡単である．

　621＝45×13＋36 の両辺を 3 で割れば 207＝15×13＋12 となる．したがって，割った数を覚えておき，商はそのまま，余りにはその割った数を最後に掛ければよい．

(4) 割り算の余りの計算

2章で「2つの整数があり，整数 n で割った余りが等しいとき2つの整数は n を法として合同である」ということを学んだ．13を法とするということは，ある数を13で割った余りに着目して考えるということである．そうすると，「『13の倍数違いの数＝13の倍数に同じ数を足したり引いたりしたもの』はすべて13を法として合同」と言える．つまり $-1 \equiv 12 \equiv 25 \equiv 38 \equiv 181$ となる．そして合同式の両辺に同じ数を足しても同じ数を引いても同じ数をかけても，その合同式は成り立つというルールが存在している（除法は必ずしも成り立たない）．たとえば，2つの合同式 $207 \equiv 38$ を考える．

$$207 = 15 \times 13 + 12$$
$$38 = 2 \times 13 + 12$$

である．2つの式の両辺に3を掛けよう．

$$621 = 45 \times 13 + 36 = 45 \times 13 + (2 \times 13 + 10)$$
$$114 = 6 \times 13 + 36 = 6 \times 13 + (2 \times 13 + 10)$$

となる．621を13で割った余りも114を13で割った余りも36を13で割った余り10と同じになることがわかるだろう．

さて，これを利用してたとえば $(17 \times 19 \times 23) \div 13$ の余りを計算してみよう．$(17 \times 19 \times 23)$ を計算する必要はないのだ．17, 19, 23を13で割った余りはそれぞれ 4, 6, 10 である．したがってそれぞれの項の数をできるだけ小さくするように13を足すか引くかしていくと $17 \times 19 \times 23 \equiv 4 \times 6 \times 10 \equiv 4 \times 6 \times (-3) \equiv -72$ である．この -72 に13の倍数を掛けて正の数にする．$-72 + 13 \times 6 = 6$ が答えである．本当にそうなるか電卓を使って確かめてほしい．

3. 計算する器具の前身

（1）そろばん

　世界最古の計算器具，コンピュータの前身はabacus（そろばん）である．そろばんは日本人にとってはなじみの深いものであるが，その歴史は紀元前2000年から1000年くらいのメソポタミアの砂そろばんまでさかのぼる．現存する最古のそろばんは紀元前400年古代ギリシャ・ローマ時代のサラミスのそろばんとされている．畳1畳くらいの大きさの大理石でできていたということだが，詳細は不明である．そろばんは，ビーズ（玉）の位置が「値」を示す．そろばんは，データを表現すると同時に値を保存することもできたわけである．しかし，計算を行う手順は人間が操作しなければならない．そろばん自体は値を保存することはできても自動計算をする器具ではなかった．

（2）人間計算機

　古代より，計算を省くための方法として，そろばんの他に数表というものが存在していた．単位変換に使われる対応表のようなものである．毎回計算する手間を省くために考案された．対数表，三角関数表，天文学者が天体の運行を知るための天文表，航海者が船舶の位置を知るための航海表などがある．現存する最古の数表は，3000年以上前にバビロニアでつくられたものとされている．中世以降，商業や貿易が発達してくると，多くの数表がつくられて印刷されるようになった．数表を作るための計算は人間が「コンピュータ」として行っていた．1人の人間はとても簡単な計算をしてそれを次の人に渡して行く・・・それを100人単位で行えば，1つの数表ができあがる．しかし，人間の計算には間違いがつきものであった．

(3) 歯車計算機

このような背景のもと，実用的な計算機械が作られ始める．パスカルやライプニッツ，バベッジなどの発明したのは歯車で動く機械であり，最初の歯車の位置によって入力が指定され，パスカルやライプニッツの機械では最後の歯車の位置が出力となる．バベッジは，計算結果をプリントできること，それによって転写エラーが削減できることを予測した．

では，計算をするプロセス（手順）をある程度自動化することはいつ頃からできるようになったのだろうか．パスカルの歯車式加減計算機はその処理ステップが機械そのものに組み込まれていた．ライプニッツの計算機はパスカルの計算機よりもっと色々な演算ができる計算機であったようだが，やはりその機械はその仕組み自体に組み込まれていた．つまりは，入力を色々に変えて，ある1つの処理を実行することはできたが，計算するプロセス自体を外から指示することはできなかった．

バベッジの階差機関（歯車式の多項式計算機）は，いろいろな計算を実行するようにつくられた．この計算機は，すべての数列が最終的に単純な「差」で表される事を利用して，複雑な計算を行う機械で，10年の歳月と1万7千ポンド（当時，中流階層の年収が250ポンド）の巨費を使った挙句に破綻したといわれている．一方，彼の解析機関は，パンチカードに打ち込まれた「命令」を読み取れるように設計された．つまりは，パスカルやライプニッツの機械が，数値だけしか外から指示することができなかったのに対し，バベッジの計算機は，計算と数値を外から指示して計算手順を自分で判断し，一連の複雑な演算を行う事のできるものだったわけである．後に，世界初の女性プログラマと呼ばれているAugusta Ada Byron[1]は，いかにバベッジの解析機関がいろいろな計算を実行できるようにプログラムされているかということを論文で論じている．

---

1 プログラム言語 Ada は彼女の栄誉をたたえて命名された．父は詩人の Gordon Noel Byron 卿．

4. コンピュータにとっての計算とは

計算といえばまず四則演算を思いつくが，コンピュータにとっての計算とは何であろうか．computer というのはラテン語の computare という言葉から来ており，語源としては com（共に）＋ putare（考える）という意味を持っている．もちろんコンピュータは自分で考えるのではなく，人間からの入力に従って「決められたある手順にしたがって」黙々と計算を行う．

1936 年にアラン・チューリングによって「計算とは何か」ということが定式化された．チューリングの考案した**チューリング・マシン**は理論上の仮想機械であるが，現在のコンピュータを完璧に説明している．その後，作られたコンピュータは全てチューリング・マシンを実装したものである．

チューリング・マシンは，人間が計算を行うときに紙と鉛筆を使うことをイメージして作られた．四則演算ではない例として，0 と 1 を交互に書いていくという動作を考えよう．0 を書いたら次に 1 を書く，その次は 0 を書く，この動作は人間では何気なく行うことができるが機械にさせようとしたらどうしたらいいだろうか．

　0 を書いた次は 1 を書く．

　1 を書いた次は 0 を書く．

この 2 つの決められた手順があると考えれば良い．絵にしてみると図 3.5 のとおりである．この楕円で書かれているのは「状態」と呼ばれる．

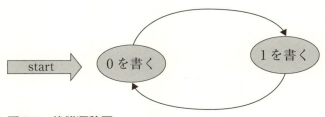

図 3.5　状態遷移図

何か手順を示すのに，0を書くという状態の後は1を書くという状態へ移る，1を書くという状態の後は，0を書くという状態へ移ることを意味している，ということを示している．このような図を**状態遷移図**という．

　チューリングは図3.6に示すような状態遷移をする機械を考えた．人間が使う計算用紙に相当するものをチューリング・マシンでは「テープ」として表す．チューリング・マシンのテープは，図のようにマス目に区切られていて1マスに1文字書くことができる．書き込まれていない部分は空白である．人間に相当する，いくつかの状態を取る事ができる機械が灰色の部分であり，これがチューリング・マシン本体である．チューリング・マシンは常に「ある状態」を持っており，その「状態」はチューリング・マシンに備え付けられている「ルール表」に従って変化していく．チューリング・マシンは，「状態」と「テープから読み取った文字（記号）」によって，次の動作をルール表から選ぶ．チューリングはこのように，コンピュータの計算とは「ある状態が外からの刺激によって変化して状態が変わる事」と定義した．

　外からの刺激とは「テープから読み取った文字」を表しており，テープから読み取るために「ヘッド」と呼ばれるものが存在する．ヘッドが指し示すテープのマス目に書かれた文字を読み取ってチューリング・マシンに送るとそれが刺激となってチューリング・マシンの状態が変わる．読み書きはヘッドが指すマス目に限る．ヘッドは移動できるが，一度にマス目を1つだけ右か左に移動するか，移動しないかのいずれかを選択

図3.6　チューリング・マシン

する．

　先ほどの状態遷移図（図3.5）を，チューリング・マシンが動きやすいように書き換えたものが図3.7である．

　図3.5では，状態の部分に「0を書く」などと書かれていたが，チューリング・マシンでは，状態0の時に，テープから空白を読み取ると0を書き，次の状態1に変化する．状態1の時にテープから空白を読み取ると1を書き，次の状態0に変化する．テープには空白以外の文字は書かれていないものとする．ここで気をつけたいのは，テープから読み取る文字が同じであっても，その時の「状態」が違うと，書き込む文字が違うというところである．チューリング・マシンは，**現在の状態**と，**テープから読み取る文字**の各組み合わせに対して，

- テープに書き込む文字（同じ文字をかけば無変化）
- （文字を書いた後に）ヘッドを左右のどちらに動かすか，動かさないか．（Rを右，Lを左，Nを動かないとする）
- 次の状態

　　　　という動作を定義する．

① 現在の状態
② テープから読み取る文字
③ テープに書き込む文字
④ ヘッドをどこに動かすか
⑤ 次の状態

のこの5つを組み合わせてチューリング・マシンのルール表が作られる．

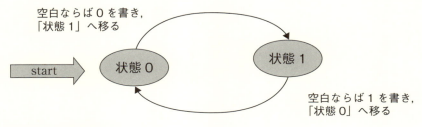

図 3.7　状態遷移図

読み書きする文字を空白（_），0，1と置き，テープに書き込む命令をPの後に文字を書く（P1であれば1を書き込む）と定義すると，このチューリング・マシンのルール表は以下のように書ける．

　　　状態0, _, P0, R, 状態1
　　　状態1, _, P1, R, 状態0

このルールにしたがってチューリング・マシンの動きを追ってみよう．初期状態を状態0とし，テープはすべて空白の状態とする．最初の状態は0であるので，1行目を実行しよう．ヘッドが指すマスが空白であったら，0を書き込み，ヘッドを右へ進め，状態1へ変化する．図にすると以下のとおり．

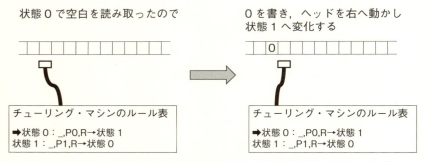

次に，状態1の時に空白を読み取ったので1を書き込み，状態を0に変更する．図にすると以下のとおりである．

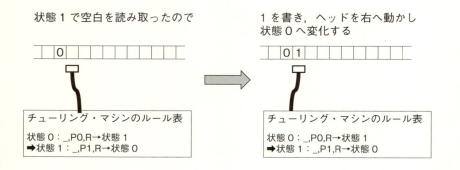

この動作をずっと繰り返す．このように，チューリング・マシンはテープから読み取った記号に従って「決められたある手順にしたがって」計算を行う．計算というと，四則演算を思い浮かべるが，コンピュータの計算というのは，「ある状態が外からの刺激によって変化して状態が変わる事」である．外からの刺激とは，チューリング・マシンが読み取る記号の事であり，これがチューリング・マシンへの入力となる．

ここで説明したチューリング・マシンは一つの計算を行うマシンであったが，現在のコンピュータの基礎理論はもう少し複雑になるが，本稿では詳しく扱わない．興味のある人は文献などを参照されたい．

演習問題

3.1 この章で紹介したいろいろな計算法の中で適切な方法を使って以下の計算を暗算しなさい．割り算は余りも出す．暗算の過程を書くこと．

(1) 13×14 (2) 24×25 (3) 38×34
(4) 76×74 (5) 81×89 (6) 115×125
(7) 207×213 (8) $861 \div 123$ (9) $552 \div 24$
(10) $638 \div 121$ (11) $752 \div 256$ (12) $2091 \div 34$
(13) 10^{10} を 11 で割った余りを求めなさい
(14) 5^{20} を 7 で割った余りを求めなさい
(15) 123^9 を 12 で割った余りを求めなさい

3.2 0と1を交互に書くチューリング・マシンは何を計算しているのか，01010101…の前に小数点を入れた0.01010101…が二進法で何を表すかを考えてみよ．

参考文献

アーサー・ベンジャミン，マイケル・シャーマー，岩谷宏訳『暗算の達人』（ソフトバンククリエイティブ株式会社，2011 年）

栗田哲也『暗算力を身につける』（PHP 研究所，2010 年）

J. Glenn Brookshear, Computer Science An Overview（10th ed.）, Addison Wesley 2008.

高岡詠子『チューリングの計算理論入門』（講談社ブルーバックス，2014 年）

Andrew Hodges『ALAN TURING：The Enigma VINTAGE』（Vintage edition, 1992 年），邦訳：『エニグマ アラン・チューリング伝』（勁草書房，2015 年）

チャールズ・ペゾルド，井田哲雄 他訳『チューリングを読む』（日経 BP 社，2012 年）

ジョージ・ダイソン，吉田三知代訳『チューリングの大聖堂』（早川書房，2013 年）

4 | 数の性質と計算

高岡　詠子

《**目標＆ポイント**》　現実社会で実行されている計算活動の重要性を，情報伝達の誤りを検知する手法や簡単な暗号，クレジットカードなどの暗号のしくみ（共通鍵暗号・公開鍵暗号）を題材に学ぶ．
《**キーワード**》　誤り検知，ISBN，暗号，共通鍵暗号，公開鍵暗号，SSL，電子署名，素数，素因数分解

1. 情報の誤りの訂正

　コンピュータから送られる情報はいつも正しいとは限らない．通信路の都合でデータの一部が損失したり欠けたりすることが起きる．現実社会ではこういった誤りを検出し，訂正するために「計算」が行われている．ここでは，最も簡単な**誤り検出**と**誤り訂正**の方法を紹介する．
　十進法で 4, 18, 8, 18, 3 という数字を送りたいとする．図 4.1 の黒い線で囲まれていない部分の 5 行 5 列の黒白のカードをみてほしい．いま，

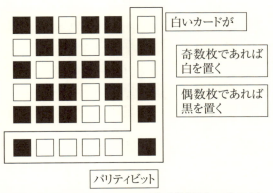

図 4.1　誤り検出のイメージ（送信側のデータ）

■は0，□は1を表すと考える．すると1行目の「■■□■■」は $00100_{(2)}$ と考えることができる．二進法の4である．同様に2〜5行目までを考えてゆくと，$10010_{(2)} = 18_{(10)}$，$01000_{(2)} = 8_{(10)}$，$10010_{(2)} = 18_{(10)}$，$00011_{(2)} = 3_{(10)}$ である．この情報を受け取った受信側で，正しく受信できたかどうかを簡単にチェックする方法がある．それが，図4.1の黒線で囲まれた**パリティビット**という手法である．この手法では，行と列のそれぞれについて，白いカードが奇数枚であれば白を，偶数枚であれば黒を，パリティビットの領域に追加する．たとえば3行目は白いカードが1枚で奇数であるから白，1列目は白いカードが2枚で偶数であるから黒が置かれている．この情報が受信側では図4.2のようになっていたらどうだろうか．

　パリティビットのルールを言い換えると，各行及び各列に含まれる白いカードの枚数を必ず偶数にする，ということができる．したがって，白いカードを奇数枚含む行または列には，なんらかの誤りが生じているということが分かるのである．たとえば3行目は白3枚（奇数）なので，誤りが検出できる．パリティビットを行にしかつけていない場合は，送信側に同じデータをもう一度送ってもらうように要請する．今示している例ではパリティビットを列にもつけているので，3列目も白3枚（奇数）ということで誤りが検出できる．行での誤りと合わせると，白と受

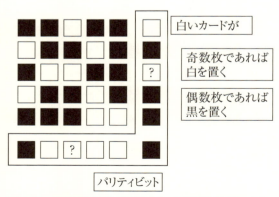

図4.2　誤り検出のイメージ（受信側のデータ）

信した3行3列のデータが，実は黒であるということができる．この操作を誤り訂正と呼ぶ．ここで説明した誤り検出と誤り訂正とは，2か所以上にエラーが発生すると適用できない．実際の情報機器では複数のエラーを検出して修復するための複雑なエラー制御の計算が行われている．

現在，データが最も損なわれやすいのはネットワーク経由で長距離に渡ってデータを送る場合である．FAXなどで，「受信に失敗する」という判断は，このような手法に基づいているのである．受信に失敗したという判断をしたFAXは，送信側にもう一度送るように要請するので，FAX送信を何度も行っている場合には，中でこのような計算が行われていると想像してほしい．

また，コンピュータのメモリにデータを書き込んだり，ハードディスクにデータを書き込むときは，エラー検出に加えてエラー訂正を行える方式を採用しているものが多い．

本についているISBNコードも同じである．昔は10桁のものもあったが現在のISBNコードは13桁になっており，最後の数字はパリティと同じ，チェックのための数字（これを**チェックサム**と呼ぶ）である．本の注文等を行うときは出版社はこのISBNコードの数字を確認することで間違った本が出荷されないようにしている．ISBNコードのルールは

① 奇数桁の和（最後のチェックサムは除く）
② 偶数桁の和×3
③ ①と②の和の下1桁を取り出す
④ ③の結果が0なら0が，1以上なら10から引いた値が，それぞれチェックサムと等しければ正しいと判断できる．

このルールにしたがって，たとえば，ISBN 978-4-274-20664-1 というISBNコードのついた本のエラー検出法を計算してみよう．

① 奇数桁の和は，$9+8+2+4+0+6=29$

② 偶数桁の和×3 = (7+4+7+2+6+4)×3 = 90
③ ①と②の和の下1桁は9
④ 10から，③の結果9を引くと1であるから，最後のチェックサムと等しいことがわかる．

2. プライバシーや個人情報を守る仕組みの基礎

　銀行口座の預金情報，パスポートの有効期限，クレジットカードの支払い履歴，試験の点数，カルテ情報など，今は多くの個人情報がコンピュータの中に保存されていることは情報社会の中では避けられないことである．これらの個人情報が不正使用されないようにすることは必須であるが，時にはこれらの個人情報をネットワークを通じて共有する必要がある．たとえば，インターネットを通して何か購入したときに支払いをクレジットカードで行いたい場合，店は，購入者の支払いが可能かどうか確認する必要がある．しかし，必要以外の場所で個人情報を不正使用されてしまうと，広告のダイレクトメールが送られたり，覚えのない支払いの要求が来たりするということが起こり得る．そのようなことが起こらないように，電子決済システムなどでは様々な手法で暗号化が行われている．ここでは暗号化のもっとも簡単な手法についてその「計算」を見てゆく．

（1）平均年齢を計算する

　ある会場にいる人の平均年齢を計算したいが，各々は自分の年齢を簡単には知られたくないようなときどうしたらよいだろうか．1人1枚紙を配って年齢を書いてもらったものを集めて集計するという方法もあるだろうが別の方法を紹介する．
　最初の人がランダムな数（3桁にする）を紙に書く．487とでもして

おこう．この数に自分の年齢を加えた新しい数を別の紙に書き，隣の人に渡す．全員が次々に前の人からもらった数に自分の年齢を加えた数を新しい紙に書いて隣の人に渡していく．全員が書き終えた最後の紙を最初の人がもらい，最初の人ははじめに考えたランダムな数を最後の紙に書いてあった数から引いて，人数で割ればそこにいる全員の平均年齢が出る．

　この考え方に基づいて，会議で賛成・反対の投票を行うときに誰が賛成かわからないように賛成票を数えることができる．1人1枚紙を配って○×や可否を書いてもらって集めて集計するという方法もあるだろうが別の方法を紹介する．

　選挙管理委員がランダムな数字（3桁にする）を紙に書く．先ほどと同じ 487 とでもしておこう．投票口に1人ひとりが行き，賛成の人は1，反対の人は0を加えた新しい数を書き，次の投票者はそれに数を加えていく．全員が投票を終えると最後の数値から委員のみが知っている番号を引けばよいからである．しかし，この方法では厳密性は保たれてはいない．前の人が賛成か反対かについて，たとえば最初の人が賛成か反対かどうかは，委員と2番目に投票する人が番号を教え合えば分ってしまう．また，1人で3人分投票することは十分可能であり，実用化するためには，この手法を自動化してその現象を排除するための枠組みを盛り込むなどの手段が別途必要にはなるだろう．

（2）シーザーの暗号

　ユリウス・カエサルが使ったということからシーザーの暗号と呼ばれているこの手法は，もとの平文のアルファベット文字を何文字かずらして暗号文を作る手法である．映画「2001年宇宙の旅」に登場するスーパーコンピュータ「HAL」はIBMを1文字分ずらした（コンピューター・メー

カー IBM 社より 1 歩先をゆくという意味で) シーザー暗号である (図4.3).

　この手の手法は，暗号の作り方，解き方と鍵 (暗号化，復号の時に使われる) がわかれば解読が可能である．図でいえば，HAL から IBM への復号鍵は 1，FYJ から IBM への復号鍵は 3 になる．もし鍵がわからなくても，この例であればたかだかアルファベット 26 文字の中でずらしているのだとすれば総当たりで試してみれば解読はすぐにできるだろう．この暗号方式では，暗号の作り方・解き方を送り手と受け手で共有し，それぞれが暗号の鍵を秘密保持してきた．この暗号の安全性は，鍵が秘密であることに依存することがわかる．このような暗号方式を**共通鍵暗号**といい，暗号化・復号に使う鍵が同じである．

　しかし，この方式であると，鍵を秘密に管理できるか，大勢の人と共有する場合に安全に鍵を配れるか，などの問題も生じる．

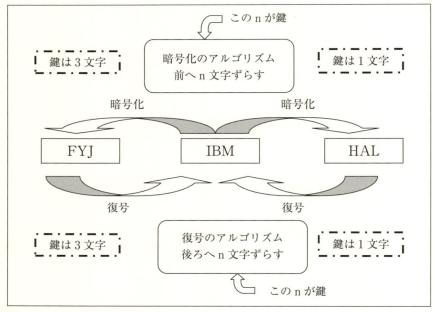

図 4.3　シーザーの暗号

3. クレジットカードなどの暗号の仕組み

（1）公開鍵暗号

　前のような共通鍵暗号方式の欠点を改善した方式として，特に，暗号化鍵から復号鍵を容易に求められない**公開鍵暗号方式**を紹介する．この暗号方式では，鍵を2つ用意する．暗号化に必要な鍵を公開して，誰かにメッセージを送ってもらうときにはその公開した鍵で暗号化して送ってもらう，その暗号文を秘密にしている鍵で元に戻すというものである．暗号を送ってもらうための鍵は公開し，受け取るための鍵は受け手しか知らなくてよい．それにより，利用者ごとに鍵を用意して配る必要がない．

　公開鍵と秘密鍵は一組になっているが，片方の鍵からもう片方の鍵を類推することは困難である．公開鍵で暗号化した文書は公開鍵では復号できず，秘密鍵でなければ復号できない．したがって，クレジットカードのような人に知られてはいけない情報を送る時に使われている．逆に秘密鍵で暗号化した文書は公開鍵でないと復号できない．この文書は，秘密鍵を持っている人が書いたものであるということが証明できるので，**電子署名**にも使うことができる．しかし，公開鍵暗号方式は，計算が複雑で暗号化と復号に時間がかかるという欠点がある．では，わたしたちの身の回りでは，どのようにして，クレジットカードの情報を暗号化したり電子署名を行っているのだろうか．

（2）公開鍵暗号方式の運用

　クレジットカードなどの重要なデータをWeb経由で送るときにはURLの前にHTTPSというキーワードが使われる．これは，HTTP over SSLの略で，SSL（Secure Socket Layer）通信が使われる．すべ

ての通信を公開鍵暗号方式で行うと実用的な時間内では通信できないため，**共通鍵暗号方式**と**公開鍵暗号方式**を組み合わせたハイブリッド方式を利用するのが一般的である．秘密にすべき通信データの暗号化は共通鍵を用いる．そしてその共通鍵を暗号化するのに公開鍵を使う．公開鍵暗号を使って共通鍵を安全に送信するという手法である．

この仕組みを見てみよう．

Step1：公開鍵暗号方式で共通鍵を暗号化
- クライアントからサーバへ https 要求：SSL 通信を要求
- サーバはサーバの公開鍵をクライアントに送信
- クライアントは自分の生成した共通鍵をサーバから受け取った公開鍵で暗号化してサーバに送信
- サーバは受け取った共通鍵を，自分の秘密鍵で復号

Step2：通信データを共通鍵で暗号化

個人情報などを共通鍵で暗号化して送受信する．

Step1 で，公開鍵暗号を使って共通鍵を安全に送信し，送るべきデータは共通鍵を使うことで効率化を図っている．つまり送るデータを安全に送るために公開鍵暗号を使っているのである．公開鍵が間違いなく送信者のものであることを，信頼できる第三者機関（認証局，CA）を通じて証明する仕組みがある．これを PKI（Public Key Infrastructure, **公開鍵暗号基盤**）という．公開鍵が間違いなく送信者のものであることを証明する文書を**公開鍵証明書**という．Web ブラウザは公開鍵証明書の認証局が信頼できる機関かどうか確認，公開した電子証明書が改ざんされていないか，公開鍵証明書が有効か，Web ページの URL が正しいかどうかをチェックし，もし問題があれば「この証明書は信頼できる証明機関から発行されていません」などと表示する．

一方で，データの信頼性を保証するためにも公開鍵暗号を使うことが

できる．これが電子署名である．電子署名には，電子文書が署名者本人により作成されたこと（本人証明）と，署名時点から電子文書が改ざんされていないこと（非改ざん証明）の2つの目的がある．電子署名の場合は，送るデータを安全に送る必要性はなく，そのデータが本当にその人から送られたか，改ざんされていないかの方が重要である．この場合，メッセージは逆に秘密鍵でデータを暗号化される．秘密鍵で暗号化したデータは公開鍵でないと復号できない．公開鍵は誰でも入手できるのでそのデータは誰でも読めるが，誰の秘密鍵で暗号化されているかが分からなければ読むことはできない．本人しか持っていない秘密鍵で暗号化された文書は本人でなければ作れないので「署名」と同じ効果を生む．しかし，秘密鍵が送信者の持ち物で，本人以外は知りえないものという前提がないと署名の効果はない．PKI により，認証局（CA）が『本人だけが秘密鍵を保有し，公開鍵は電子証明書として公開すること』を可能にする．

　電子署名をつけた文書を送りたい人が，まず認証局（CA）に電子証明書の発行を依頼する．CA は申請者が申請者本人であることを何らかの形で確認する．次に認証局（CA）はペアの秘密鍵 A と公開鍵 B を生成し（申請者が秘密鍵と公開鍵を生成する場合もある），秘密鍵 A は IC カードなど秘匿性の高い媒体で，本人以外に知りえないかたちで申請者に提供し，公開鍵 B は電子証明書に含めて公開できるように申請者に対し発行する．

　電子署名の仕組みを図 4.4（次ページ）に示す．送信者を S と置く．S は，電子文書（平文）を要約し，さらに認証局から取得した秘密鍵 A を用いて，この要約文を暗号化する．S はこの平文と暗号文と公開鍵 B を含んだ電子証明書を送る．受信者は，送られた電子証明書が信頼できる認証局から発行された有効なものであることを確認後，電子証明書に

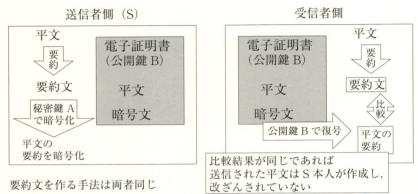

図 4.4　電子署名の仕組み

入っている公開鍵 B で暗号文を復号する．受信者側でも送信者が平文を要約した手法と同じ手法で平文を要約する．その結果と復号したデータが一致すれば送信されてきた平文は S 本人が作成し，改ざんされていないことが証明されるのである．

　公開鍵暗号にもナップザック暗号，ElGamal（エルガマル）暗号，EPOC 暗号，Rabin（ラビン）暗号，RSA 暗号などいろいろな種類があるが，もっとも標準的に使われている公開鍵暗号は，1977 年に Ronald Rivest，Adi Shamir，Len Adleman の 3 人によって提案された手法で，3 人の名前の頭文字を取って RSA 暗号と呼ばれている．ではこの RSA 暗号ではどのように暗号化，復号の計算が行われているのだろうか．

（3）RSA 暗号理解のための準備

　RSA 暗号は，ある数 X を n で割った余りを基本とした世界の中での「掛け算」に基づいている．さらに，割る数である n は素数の積で表されている．まず，この「素数」と「余り」の世界を少し見ていくことにする．

余りの世界…2 章でも少し触れたが，2 つの整数 a, b が自然数 n を法として合同であるということを $a \equiv b \pmod{n}$ と書き，このとき $a - b$ は n で割り切れる．また，a を n で割った余りを $a \pmod n$ と表す．$a \pmod n$ は 0 以上 n 未満である．

（4）RSA 暗号の構成

　次にいよいよ RSA 暗号の構成を学び，具体的な暗号化と復号を体験しよう．

　図 4.5 に示す通り，M を平文として暗号化鍵（e, n）によって暗号文 C が生成される．つまり，もとの平文 M をある回数（e 回）だけ繰り返し掛ける．そして得られた数を n で割った余りを求める．これが暗号文 C となる．復号するときは，復号鍵（d, n）によって復号が行われ元の平文 M に戻る．つまり，暗号文 C をある回数（d 回）だけ繰り返し掛ける．そして得られた数を n で割った余りを求める．この余りが元の数 M となる．まとめると下記の通り．M, C は n 未満の正の整数．

暗号化

　　暗号化鍵：(e, n)　→　これが公開鍵

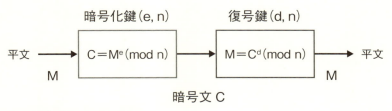

図 4.5　RSA 暗号の構成

暗号化変換：$C = M^e \pmod{n}$　（ただし M は 0 から n−1 までの整数）

復号

復号鍵：(d, n) →この d が秘密鍵となる

復号変換：$M = C^d \pmod{n}$

　鍵で用いられている e, d, n は正の整数であり，この3つの数の間にはある関係があるので見てみよう．ここで，n は，暗号化するときも復号するときも使うことに注目しよう．RSA 暗号鍵は，この n が素数の積になっている．これを $n = p \times q$ と置こう．p と q が素数である．

　この世界（RSA 暗号の世界）での「掛け算」のからくりを2つ説明しよう．

　まず1つ目．この世界では，ある数 a に対し，どのような数 M を選んでも M を a 乗した値 M^a は M と等しいという法則がある．このとき，適当な数 e を選んでこれを公開鍵とする．平文 M を暗号化するときは M^e を計算し，その結果得られた C を暗号文とする．この C をさらに何乗かしたものが M に戻るようにしておけば，これを復号の処理とすることができる．この乗数を d とすると，$C = M^e$ と $M = C^d$ とから，$M = (M^e)^d$，つまり $ed = a$ であればよい．もう少し詳しく言えば，$x*y$ を RSA 暗号における掛け算，$(x \times y)$ を通常の掛け算とすると以下のような定義になる．

$$x * y = (x \times y) \bmod n$$

このとき，「M^a を n で剰余したものは M と等しい」ということが導けるのである．数学の世界にそういう秩序が存在するという意味で理解してもよいだろう．RSA 暗号に使われている数学的理論である．

　2つ目のからくりとして，$a = ed$ と表され，n が2つの素数 p と q の積である場合には，e と d には以下のような性質がある．

　(1)　e は $(p-1) \times (q-1)$ と互いに素な自然数である

(2) d は ed − 1 が (p − 1) × (q − 1) の整数倍となる自然数である.

ただし，d は (p − 1) × (q − 1) より小さい自然数の範囲でただ 1 つだけ存在することが知られている.

実例で見てみよう.

p = 3, q = 7 とおくと n = 21, p − 1 = 2, q − 1 = 6 であるから (1) より，e を決定する際に (p − 1) × (q − 1) = 12 と互いに素な値 e を 1 < e < (p − 1) × (q − 1) = 12 の範囲内で選ぶ．ここでは e = 5 としよう．また，(2) より，ed − 1 が (p − 1) × (q − 1) の整数倍となるように，d を 1 < d < (p − 1) × (q − 1) = 12 の範囲内で選ぶ．e を決定する際には 12 と互いに素であれば 5 でなくてもかまわない．ここでは 1 から順に考えて最初の数値である 5 を選んだというだけである.

平文 M = 4 とする．これで暗号化を行うと，$C = M^e = 4^5$ だからこれを n = 21 で割ると，3 章の割り算の余りの計算でやった通り，

$$4^5 = 4 \times 4 \times 4 \times 4 \times 4 = 32 \times 32 = (21 \times 1 + 11) \times (21 \times 1 + 11)$$

つまり，32 mod 21 = 11 であるから，最終的に 11 × 11 = 121 を 21 で割った余り 16 が暗号文である．この 16 を何乗かしたら元の平文 4 に戻るだろうか.

今，d = 5 とすれば，p − 1 = 2, q − 1 = 6 であるから e × d = 25 を 12 で割った余りが 1 となる．C = 16 であるから，$C^d = 16^5$ が 4 に戻ればよいのである．$16^5 = 16 \times 16 \times 16 \times 16 \times 16 = 32 \times 32 \times 32 \times 32$ であるから，

32 mod 21 = 11, 121 mod 21 = 16 を使うと，

$$32 \times 32 \times 32 \times 32 \bmod 21 = 11 \times 11 \times 11 \times 11$$

$$11 \times 11 \times 11 \times 11 \bmod 21 = 121 \times 121 \bmod 21 = 16 \times 16$$

16 × 16 mod 21 = 256 mod 21 = 4 と元に戻った．計算上は M = C になり得るが，実装に用いられる巨大な n では問題とならない.

RSA 暗号鍵における「掛け算」のからくりを 2 つ説明した．e × d =

aのeは公開してしまうので，dを持っている人だけがCからMを復号することができる．公開鍵（e, n）のeとは「暗号化したい平文の数値をべき乗するためのp×q未満の数値」である．そして，秘密鍵（d, n）のdとは「暗号化された数値を復号するために自分自身に戻すための数値」である．RSA暗号においては，n＝p×qの値を公開するが，pとqがわからなければ破れないという考え方に基づいている．つまりは，公開されているnをpとqの積に簡単には分解できなければ良いのである．逆にいえば公開鍵のnが素因数分解（素数だけの積に）できれば破れる．nの素因数分解はnの平方根$\sqrt{n}$までの正の整数で割ってゆけばできるが，これをそのまま実行すると，nが100桁程度の数でもかなりの時間がかかる．素数pと素数qの掛け算をした結果であるnは簡単に求めることが可能だが，「素因数分解はコンピュータを駆使してもすぐに解くことはできない」という性質を利用しているのである．

　2桁，3桁の素数同士の掛け算でも積を計算するよりも素因数分解する方が手間がかかる．もっと大きい数はどうだろうか．

　　12301866845301177551304949583849627207728535695953347921973224521517264005072636575187452021997864693899564749427740638459251925573263034537315482685079170261221429134616704292143116022212404792747377940806653514195974598569021434133 は 232 桁の数であるが，それを素因数分解するとどうなるかすぐにはわからない．

　答えは 36746043666799590428244633799627952632279158164343087642676032283815739666511279233373417143396810270092798736308917 と 3347807169895689878604416984821269081770479498371376856891243138898288379387800228761471165253174308773781446799948 9 の積であるが，この2つの数は両方とも素数であり，他の数の積で表すことはできない．桁数の大きな2つの素数の積をコンピュータで高速に素因数分解

するアルゴリズムはまだ見つかっておらず，現段階では解くのに天文学的な時間を要する．実際，n の桁数は 300 桁から 1000 桁のものが使用され，桁数が 1 つ上がるたびに困難さが格段に上がるのが現状である．しかし，素因数分解のための量子計算のアルゴリズムの研究も進んできており，量子コンピュータとして実現された暁には，この計算困難さにもとづく暗号は成立が困難になるであろう．

演習問題

4.1　ISBN コードのエラー検出において，見抜けないエラーにはどんなものがあるかあげなさい．

4.2　シーザーの暗号で復号鍵を n = −7 とおくとき，以下の暗号文を解読しなさい．

"Avkhf z jshzz pz vcly."

4.3　公開鍵を (e,n) = (7,33)，平文 M = 5 で暗号文 C を計算しなさい．元に戻すためには d をいくつにしたらよいだろうか．

4.4　自分で適当な p と q を決め，RSA 公開鍵と復号鍵の組み合わせを考えなさい．

4.5 PKIにおける電子署名について以下の記述のうち正しいものを全て選びなさい．
 1. 認証局は，なりすましなしで確実に送信者本人が公開鍵の所有者であることを認証できる．
 2. 認証局から電子証明書の発行を受けた送信者が，メッセージを電子署名付きで送信すると，認証局はそのメッセージの控えを保持する．
 3. 通信内容の改ざんがあったことを認証局は検知する．
 4. 送信者は，秘密鍵付きの電子証明書と，メッセージ本体と要約した暗号文をまとめて送る．
 5. 認証局は公開鍵の入った電子署名を発行する．

参考文献

Computer science unplugged, Information Hiding,
  http://csunplugged.org/information-hiding（cited 2011/12/31）

今井秀樹監修『トコトンやさしい暗号の本』（日刊工業新聞社，2010年）

5 | 絵と音を計算する

高岡　詠子

《**目標＆ポイント**》　コンピュータは文章や数値データだけでなく，画像や音声，動画を表現することもできる．私たちが普通に接している画像や音声がコンピュータ上でどう表現されているか，そして計算によってどのように変化していくかについて学ぶ．アナログな情報をディジタル化する方法や，その限界についても触れる．
《**キーワード**》　音声や画像の表現，標本化，量子化，符号化，ビットマップ，ベクタ，色変換，アナログ・ディジタル変換

1. 音声情報の表し方

　音声はコンピュータの中でどう表現されているのだろうか．音は波である．空気が振動してその振動（音波）が耳に伝わるのである．この音波を電圧の高低に変えて CD などに記録する．振動を電気信号に変える装置がマイクロホンである．大きな音ほど振幅が大きく，発生する電圧も高い．電圧の変化である電気信号を，磁気の変化に変えて録音するのがアナログ録音である．カセットテープなどはアナログ録音である．これに対し，CD, DVD, MD などに録音するのはディジタル録音と呼ばれ，電気信号を「0」と「1」の数値に変換して録音する．

　もともと音はアナログ波形である．横軸が時間，縦軸が波形の振幅とすれば図 5.1 のような形に表される．振幅とは，波の高さのことである．強さと考えてもよい．1 秒間に繰り返される波の回数が**周波数**で，単位はヘルツ（Hz）である．1 個の波が伝わる時間を周期といい，単位は秒

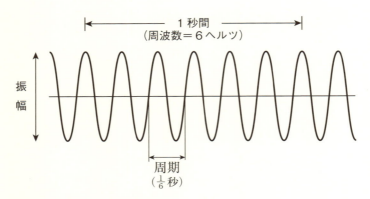

図 5.1　振幅，周期，周波数

(s) である．図で言うと，1 秒間に 6 回波が繰り返されるので周波数は 6Hz になる．周期は $\frac{1}{6}$ である．周波数が高くなると 1 秒間に繰り返される波の回数が多くなるので周期は短くなる．1 秒間に送れる波の回数が多いということは，送られる情報量は多くなる．

アナログ音をディジタルに変換するには，図 5.2 に示すように，**標本化**，**量子化**，**符号化**という変換過程を経る．これらについて詳しく説明する．

図 5.2　標本化，量子化，符号化

（1）標本化

図 5.3 に示すように，元の波形を一定の時間で区切っていく．このよ

うに一定間隔で区切ることを標本化（サンプリング）と呼ぶ．区切る間隔のことを標本化周期（サンプリング周期），1秒間に何回標本化をするかを示したものを標本化周波数（サンプリング周波数）と呼ぶ．標本化周期が短ければ短いほど，つまり，標本化周波数が大きければ大きいほど元のアナログ波形を忠実に再現できる．その分，ディジタル化した数値で表される量は多くなる．

　ちなみに，音として人間が認識できる振動周波数のうち最も感度が良いのは約 4kHz（1秒間に 4000 回の波）と言われている．標本化定理によれば，再現したい波の 2 倍の周波数である 8kHz（125μ 秒に 1 回の送信）を行うことで確実に元の音を再現することが可能となる．電話通信のサンプリング周波数が 8kHz である理由である．

　人間の聞き取れる周波数は通常 20kHz くらいまでと言われており，再現したい波がこれぐらいであるとすれば，2 倍の 40kHz 程度が CD のサンプリング周波数としてちょうどよい．実際はフィルタ処理等が行われているため，44.1kHz となっている．

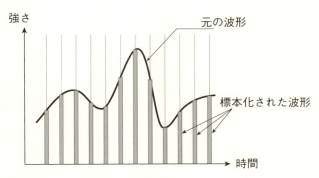

図 5.3　音の処理（標本化）

（2）量子化

図 5.4 に示すように，標本化された波形を離散的な値に変換する操作を量子化と呼ぶ．簡単にいえば，振幅の値を整数値にするのである．データを何ビットの数値で表現するかを表したものを**量子化ビット数**とよぶ．量子化ビット数を多くとればとるほど元の数値と近いものが得られるが，それだけ情報量は大きくなっていく．音楽 CD の量子化ビット数は 16 ビット（2 の 16 乗＝65536 段階）である．

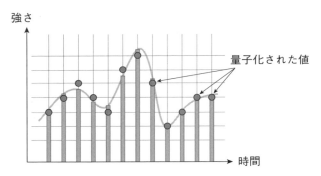

図 5.4　音の処理（量子化）

（3）符号化

量子化で得られた数値は整数や有限の小数なので，これを二進法＝0と 1 で表す作業が必要になる．これを符号化と呼ぶ．この二進法で表した数値を高低 2 種類の電圧に置き換えたり，CD ではピットと呼ばれるくぼみの有無で記録する．量子化のレベルによって必要な符号数が決まる．

では，実際に CD の音質で録音した情報は 1 秒当たり何 K バイトになるか，10 分間で何 K バイトになるか計算してみよう．

① 　1 秒間の標本化回数：44100 回

② 1回の標本化で数値にしたデータを何ビットの数値で表現するか
（量子化ビット数：16 ビット＝2 バイト）
③ 1 秒間の標本化で必要な情報量
①，②より，1 秒間の標本化で必要な情報は
$$2（バイト）\times 44100 = 88200（バイト）$$
となる．1K バイトを 1024 バイトとすると，$88200 \div 1024 ≒ 86$K バイトである．
④ 10 分間の標本化で必要な情報量
$$86\text{K（バイト）} \times 10\text{（分）} \times 60\text{（秒）} = 51600\text{K（バイト）}$$
1M バイトを 1024K バイトとすると，$51600 \div 1024 ≒ 50$M バイトである．

　CD でよく 2 チャンネルと言われるのはステレオ録音のことで，この場合は量子化ビットは 16 ビットの 2 倍の 32 ビットとなるので，この 2 倍，つまり 100M バイトになる．通常アルバム 1 枚は 60 分前後であるから，この 6 倍とすると大体 600M バイトとなり，CD1 枚当たりに録音できる 700M バイトに近い値となることがわかる．

2. コンピュータ上の画像情報

（1） ビットマップ技術とベクタ技術

　コンピュータ上で画像を表現する技術は大きく分けて**ビットマップ技術，ベクタ技術**の 2 つがある．それぞれについて見てみよう．ビットマップ技術では，ピクセル（画素，pixel，picture element）と呼ばれる小さな点の集まりを用いて画像を表現している．このピクセルは画像を表現する最小単位である．

　図 5.5(a) にイメージを示す．このような画像情報を FAX などで送

る場合を非常に簡素化して考えてみよう．FAXの濃淡情報を認識する光センサでは，黒い部分を1，白い部分を0と置き換えてゆく．（b）に1行目を切り出したものを示す．全部で横は20ビットなので（c）のようになる．さて，これを2章で学んだように，4ビットずつ区切って十六進法で表してみよう．

図5.5(c) に示すように $77498_{(16)}$ と表せる．同じように2〜5行目も変換してみると，(d) の右の表のようになる．試してみてほしい．

実際に画像をディジタル化するには，ピクセルの濃淡情報を一定の距離間隔で読み取って数値化する．すると図の絵のようにもともとは1ピクセルに1ビットを割り当てていたが，今は，1ピクセルあたり8〜48ビットを割り当てることでさまざまな色彩やグレースケールを表すことが可能である．表5.1にピクセル当たりのビット数と混色の仕方，表現

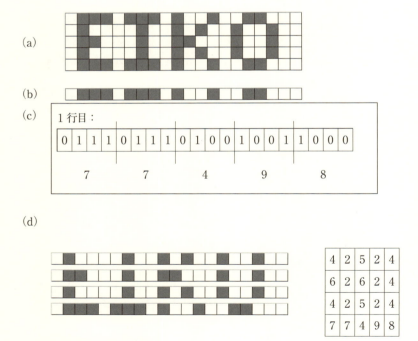

図 5.5　画像のディジタル化

表 5.1 ピクセル当たりのビット数と混色の仕方, 表現できる色数

ピクセル当たりの ビット数	混色の仕方	表現できる色数
48	赤緑青をそれぞれ 65,536 階調（16 ビット）	281,474,976,710,656（約 281 兆）
24 フルカラー (Full Color)	赤緑青をそれぞれ 256 階調（8 ビット）	16,777,216
16	赤と青をそれぞれ 32 階調（5 ビット） 緑を 64 階調（6 ビット）	65,536
8	フルカラーから抜き出した色	256

できる**色数（色階調）**を示す.

　ビットマップ技術を使った場合，画像の質を保ったまま任意のサイズに拡大縮小するのが難しい．これは，ビットマップ技術での拡大はピクセルを拡大するしかないので，肌理(きめ)が粗い．いわゆる「ボケ」が生じる．カメラで言うディジタル・ズーム（Digital Zoom）に相当する．ディジタル・ズームは撮影する撮像素子に光が取り込まれた後，画像の一部を切り取って（**トリミング**）それを拡大しており，画質は劣化する．ビットマップ技術のこの問題を解決した技術がベクタ技術である．

　ベクタ技術では，画像を表すデータには，図形を構成する線や曲線の位置や長さが記録されており，これらに色や線の付帯情報が加えられる．モニタに表示，プリンタに印刷される際には，それらの機器がピクセルのパターンを再構築して表示するのではなく，その都度計算を行って画像を作る．したがって，図形としての情報の変化や損失なしに出力が可能となる．拡大や縮小によって画像の精度が損なわれることもない．しかし，描画するたびに計算を行うので，複雑な色情報を持った画像には不向きである．カメラで言う光学ズーム（Optical Zoom）に当たる．光

学ズームはカメラのレンズを前後させることで焦点距離が変化してうつる範囲が変わるので，画質の劣化がほとんどないのである．

　ビットマップ技術とベクタ技術の向き不向きを見てみよう．ベクタ技術は，線や面の輪郭がはっきりした，人工的な画像（イラストや図面など）を作成する場合に適している．それに対し，写真や自然画などを表現するにはビットマップ技術が適しているだろう．

（2）カラー画像の表し方

　カラー画像の表し方の1つに，**加法混色**（Additive Mixture of Color）と**減法混色**（Subtractive Mixture of Color Stimuli）という手法がある．加法混色は，光を加えるごとに，元の色よりも明るくなる現象を利用した手法で，コンピュータディスプレーやカラーテレビに使われている表示方法であり，赤（Red），緑（Green），青（Blue）の3色を混色して表現される（RGB方式）．モニタは発光しているので，RGBをすべてまぜると白になる．RGで黄色（Yellow），GBでシアン（Cyan），RBでマゼンタ（Magenta）となる．この手法によって表された色は，機種によって画面でどのように表示されるかが大きく変わる．したがって，厳密な色を指定するには適さない．一方，カラー印刷の場合は減法混色という，色を混ぜることによって明るさが減少する現象を用いた手法を用いる．シアン（Cyan），マゼンタ（Magenta），黄色（Yellow）を使って色を表現する．CMYをすべてまぜると理論上は黒になるが，カラープリントなど印刷では，黒を完全に再現できないため，黒を印刷するときはKを加える（CMYK方式）．CMで青，MYで赤，YCで緑になる．RGB同様，やはり機種により表示される色に差があるため，厳密な色を指定するには適さない．色を厳密に定義するには，色相，彩度，明度という色の三要素を使う手法を用いる．

カラーディスプレイ，プリンタ，さまざまなデバイスに画像を表示させるには，用途やアプリケーションによって適切な方式を使うべきである．出版物は CMYK 方式であることが多く，RGB で撮った写真などを鮮明に印刷するのは想像するより難しい．ここでは最も簡単な RGB ⇔ CMY，RGB ⇔ CMYK の変換について紹介しよう．

（3）色変換

RGB ⇔ CMY

R と C，G と M，B と Y，は補色関係にあるので，RGB から CMY，CMY から RGB への変換式は下記の通りである．

RGB ⇒ CMY

$$C = 1.0 - R$$
$$M = 1.0 - G$$
$$Y = 1.0 - B$$

CMY ⇒ RGB

$$R = 1.0 - C$$
$$G = 1.0 - M$$
$$B = 1.0 - Y$$

RGB ⇔ CMYK

RGB から CMYK，CMYK から RGB への変換式は下記の通りである．

RGB ⇒ CMYK

$$C = (1 - R - K)/(1 - K)$$
$$M = (1 - G - K)/(1 - K)$$
$$Y = (1 - B - K)/(1 - K)$$
$$K = \min(1 - R, 1 - G, 1 - B)$$

CMYK ⇒ RGB

$$R = 1 - \min(1, C \times (1 - K) + K)$$
$$G = 1 - \min(1, M \times (1 - K) + K)$$
$$B = 1 - \min(1, Y \times (1 - K) + K)$$

たとえば，RGB は 256 色（0 〜 255），CMYK は 0 〜 100％ を指定す

ることができる．RGB は 0 〜 255 の範囲を 0 〜 1 に対応させ，CMYK や CMY は 0 〜 100％の範囲を 0 〜 1 に対応させている．R = 255，G = 51，B = 204 と表される色が CMY や CMYK だとどのように表されるか計算してみよう．

CMY へ変換してみる．RGB で与えられている数値 0 〜 255 を 0 〜 1 の範囲に対応させるため最大値 255 を 100％として考える．R, G, B の各数値を 255 で割ることによって，割合を出すことができる．例えば R = 255, G = 51, B = 204 であるから割合はそれぞれ，1（100％），0.2（20％），0.8（80％）となる．すると，C = 1.0 − R = 0，M = 1 − 0.2 = 0.8，Y = 1.0 − 0.8 = 0.2 のようになる．

CMYK への変換はどうだろうか．変換の基礎は K であるので K を最初に計算する．min とは（ ）の中のカンマで区切られた 3 つの引数のうち最小の値を取り出すという意味の命令である．最小は 1 − 255/255 = 0 となる．

$$K = \min(0, 0.8, 0.2) = 0$$

これにしたがって計算するとやはり，C = 0，M = 0.8，Y = 0.2 となる．

論理的にはこのように計算が行われる．前述した通り CMY をすべてまぜると理論上は黒になるが，実際は濃い茶色なので黒を印刷するときは黒を加える．すべてのアプリケーションで同じような計算が行われているわけではなく，実際はアプリケーションによってこれらの式を基本としたもう少し複雑な変換式を用いている．

今度は，C = 62％，M = 18％，Y = 35％，K = 12％ を RGB に変換してみよう．C, M, Y, K の値により，R = 1 − min(1, C ×(1 − K) + K) = 1 − min(1, 0.62 ×(1 − 0.12) + 0.12) ≒ 0.33 となる．ここで R の最大値 255 を 100％として考える．ここで R の値が 33％ということは，255 を 100％と考えた場合の 33％の値を出せばよいことになるので，255 × 0.33 を計

算すればよい．厳密に $255 \times (1-(0.62 \times 0.88 + 0.12))$ を計算すると 85.27 となるので四捨五入で 85 という結果が出る．G, B について同様に計算できる．

3. ディジタル・アナログ変換

　画像や音声はもともとはアナログの情報であるが，コンピュータで扱うためにディジタル情報に変換する手法を学んできた．ここでは，ディジタル情報とアナログ情報の変換を体験してみよう．

手順1：A4 サイズの紙を1枚用意する．図 5-6 左に示すように，縦に 4 等分してそれぞれに A, B, C, D と自分の名前を書き，紙を横に一度折る．D は予備となる．

手順2：A の折り目上，どこでもいいので直径 3 ミリメートルくらいの点を書く（図 5-6 右）．

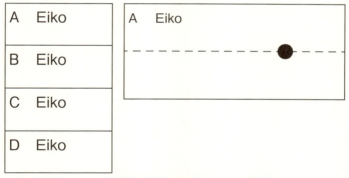

図 5.6　A4 サイズの紙を縦に 4 等分して A の紙へ記入

手順3：2人一組になって，それぞれの紙を相手の人から 5 メートル以上離れた場所で見せ合う．それぞれの B の紙に，相手の点の位置を目測で書き写す．

手順4：Aをディジタル変換する．半分に紙を折って，点が折れ線の右側にあれば1を，左側にあれば0を書く．

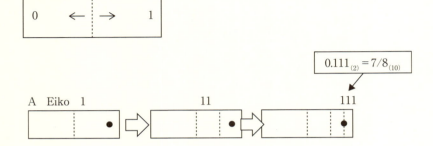

　点は折れ線の右にあるので1を書く．そのあと，点のある側をまた半分に折って，これを繰り返す．次も折れ線の右に点があるので1のあとに1をまた書く．3回目は，折れ線の真上に点が来ている．折れ線の真上に点が来た場合には1を書いてやめる．したがってこの場合は，111とディジタル化できる．これは何を意味しているかといえば，導出された1と0の並びは，紙のどの位置に点があるかを二進法で示している．111は小数点以下を示しているので，二進法の0.111が十進法で幾つか考えて欲しい．2章で学んだとおり，これは$\frac{7}{8}$である．紙を見ると，左端を0，右端を1とするならば，ちょうどこの点の位置は紙の$\frac{7}{8}$の位置にあるということになる．手順4では自分のAの紙に書いたアナログ情報をディジタル変換したことになる．

手順5：次にAのディジタル変換した値のみをCの紙に書いて，相手に渡す．相手からもCの紙をもらう．渡された紙に書かれたディジタルを手順4と同じ手法で読み取って点の位置を定める．手順5では相手のAの紙に書いたアナログ情報がディジタル変換された情報を，逆にアナログ情報に戻すという操作を行っている．

手順6：Aの紙も相手と交換する．手順5で，相手のAをディジタル化した情報をアナログ化してCに記載した．手順3にて，相手のAの紙を目測したアナログ情報がBである．AとB，AとCを比較してみよう．理論的にはAとCはほぼ一致するはずである．AとBには多少のズレが生じるであろう．アナログをディジタル情報に変換した結果をアナログ情報に戻す時にはほぼ一致して戻すことができる．アナログ情報をアナログ情報として記録するよりも正確であることが体験できる．

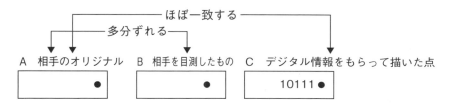

この章では，私たちが普通に接している画像や音声がコンピュータ上でどう表現されているか，さらに，色変換を例に挙げて色情報を計算によって変換されることを学んだ．アナログ情報とディジタル情報の変換を体験することも行った．

演習問題

5.1 FAXで送った文字が下記のようになっている．これは16進法のコードではどのように表されるか書きなさい．

(1)
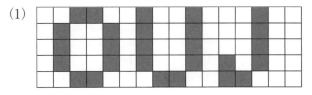

(2)

(3)

5.2 16進法で表された下記のコードをFAXで送った．メッセージを解読しなさい．すべてアルファベットである．

	(1)	(2)	(3)
	4 A 3 8	7 B 9 C	9 7 4 4 6
	6 A 1 0	4 A 5 0	9 4 4 4 9
	7 A 1 0	4 2 5 6	F 6 4 4 9
	5 A 1 0	4 A 5 2	9 4 4 4 9
	4 B 9 0	7 B 9 E	9 7 7 7 6

5.3 C＝32％，M＝11％，Y＝15％，K＝4％をRGBに変換しなさい．小数点以下は四捨五入しなさい．

5.4 1秒間の標本化回数：8000回，量子化ビットを16ビットとした場合の10分間の標本化で必要な情報量を求めなさい．四捨五入して小数点第1位まで求めなさい．

6 | おはなしコンピュータ

西田　知博

《**目標＆ポイント**》　コンピュータが計算を行う基本的な仕組みについて学ぶ．コンピュータの基本的な仕組みに基づき，コンピュータが命令をどう実行しているのかについて学ぶ．変数や条件分岐，反復などの概念を学び次章への導入とする．Python 対話型シェルの上でのプログラミングを行う．
《**キーワード**》　コンピュータのしくみ，手順と擬似言語，プログラム言語

1. コンピュータが計算する手順

　これまでいろいろな計算を見てきたが，実際にコンピュータが計算をする場合にはその中でどういうことが行われているのだろうか．この章ではコンピュータでどのように計算が行われているのかを見ていく．
　ここでは，図 6.1 のような，温度センサーから気温を読み取り，1 日の間の最高気温を液晶パネルに表示するシステムを考える．コンピュータはどのようなことをして最高気温を表示しているのだろうか．このシステムでは，温度センサーから現在の気温の測定データが常時送られており，コンピュータは必要に応じてそれを読み込む．このようにセンサーやキーボードなどからコンピュータにデータを読み込むことを**入力**（input）と呼ぶ．一方，液晶パネルはコンピュータからのデータを読み込み，それを最高気温として表示する．このようにコンピュータからの

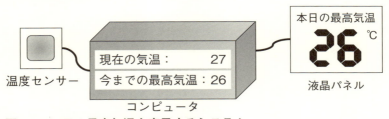

図 6.1　一日の最高気温を表示するシステム

図 6.2　最高気温の更新

データを表示や印刷すること**出力**（output）と呼ぶ．

　コンピュータは入力されたデータを中に保存しておき，それらの値を計算することによって出力するデータを生成する．図 6.1 のように，このシステムでは温度センサーからの入力を「現在の気温」としてコンピュータに保存する．これ以外にコンピュータには「今までの最高気温」が保存されているので，この 2 つを比較し，「現在の気温」の方が「今までの最高気温」よりも高ければ，新しい「今までの最高気温」として「現在の気温」である 27 に更新する．液晶パネルへは常に「今までの最高気温」の値が出力されるようにしておけば，最高気温の表示は 27℃ に更新されることとなる（図 6.2）．

　コンピュータの中でのこの処理をもう少し具体的に見ていく．「現在の気温」や「今までの最高気温」などの値（データ）はコンピュータの中の**主記憶装置**（**メインメモリ**，main memory）の中に保存される．そして，それらのデータの入出力や比較は**プログラム**（program）というコンピュータ上で記述された手順の指示にしたがって行われる．プログラムからは，メインメモリに置かれるデータは名前が付けられた**変数**

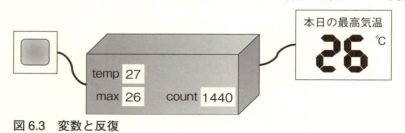

図 6.3　変数と反復

（variable）という形で参照でき，値の書き込みや，読み出しを行う．今，図 6.3 のように「現在の気温」を temp，「今までの最高気温」を max という名前の変数に保存することにすると，プログラムによって行う処理は図 6.4 のような手順となる．このようなプログラムの表記は手順をわかりやすく示すためのもので，そのままではコンピュータでは実行できないので**擬似コード**（pseudo-code）と呼ばれる．実際に動作するプログラムはこの章の後半から示していくが，擬似コードであっても，コンピュータで計算を行う手順としては同等のものである．1．の「←」は左に置かれた変数 temp の値を右側のセンサーから得た入力の値とするという意味である．このように変数を計算式などで指定した何らかの値にすることを**代入**と呼ぶ．ここでの「←」は，右の値を左の変数に代入するという意味である．2．は，「今までの最高気温」の値が入っている max と temp を比較し，temp が大きければ，2.1 の代入，すなわち temp の値を max に代入して「今までの最高気温」の更新を行う．このような処理は**条件分岐**と呼ばれ，そのときの計算状況によってコンピュータの処理を切り替えることができる．コンピュータは状況に応じてさまざまなことを行うことが求められるので，条件分岐はプログラムを作成する上で必要不可欠な処理である．最後の 3．は max の値の液晶パネルへの出力で，その時点の最高気温が表示されることになる．

　図 6.4 は最高気温の更新を 1 回のみ行うものであるが，一日の最高気温を表示し続けるためには表示を継続して更新しなければいけない．そこで，1 分ごとに気温をセンサーから得て，必要に応じて最高気温の表示を更新する処理としたものが図 6.5 である．1．ではまず，最高気温

```
1． temp ← 温度センサーから入力された気温
2． もし temp > max ならば
    2.1 max ← temp
3． max を液晶パネルに出力して表示
```

図 6.4　最高気温を更新する処理

の初期値としてmaxにセンサーから得た気温を代入している．これを分ごとに更新するためには，図6.4と同じ処理を1時間に60回，合計24時間行わなければいけないので，60×24＝1440回繰り返すことになる．この回数を管理するために新たな変数countを準備する．2．のようにcountの値を1440としておき，1分に1回，気温を調べる処理を行う．1440回繰返すためには1回処理を終えるごとに3.5のようにcount-1の値を新しいcountの値として代入することにより1ずつ減らし，countが0になれば処理を終えればよい．図6.5の3．はcount＞0という条件が成り立っている間は，3.1〜3.5の処理を繰返す**反復**の処理である．コンピュータの最大の長所は指定された処理や計算を繰返し正確に高速で行えることである．したがって，条件分岐と並んで反復はプログラムを作成する上で重要で必要不可欠な処理となる．3.4は更新の間隔を開けるための待機指示である．正確に言えば，他の処理に要する時間があるので1分間待機すると正確に1分間隔とならない可能性があるが，それらの処理は無視できるほど短時間で終えることができるので，ここでは考えないこととしている[1]．

```
1. max ← 温度センサーから入力された気温
2. count ← 1440
3. count > 0 の間繰返す
    3.1 temp ← 温度センサーから入力された気温
    3.2 もし temp > max ならば
        3.2.1 max ← temp
    3.3 max を液晶パネルに出力して表示
    3.4 1分間待機
    3.5 count ← count-1
```

図6.5　一日の最高気温を更新する処理

---

[1] 厳密な間隔が要求される場合は，コンピュータ内のタイマ（計時）機能を使い，そのタイミングを利用して処理を実行する方法などが取られる．

2. コンピュータが計算するときの動き

　ここではコンピュータの中のしくみを見ながら，前節で紹介した処理がどのように動作するのかを見ていく．

（1）コンピュータを構成する装置

　図 6.6 はコンピュータを構成する装置を示したものである．各装置間は**データ**や実行する**命令（コマンド）**がやり取りされる他，どのように動作するかをコントロールする**制御**も行われる．前節で紹介した温度センサーや，コンピュータを利用するときに用いるキーボード，マウスはユーザからコンピュータへデータを与えるための**入力装置**である．また，液晶パネルや一般的なディスプレイ，印刷するためのプリンタはコンピュータからユーザへ，計算などの結果を伝えるための**出力装置**である．入力されたデータは**記憶装置**の中に保存され，プログラムの指示にしたがって計算などの処理が行われる．また，その結果はプログラムの指示にしたがって出力装置に示されユーザに伝えられる．**制御装置**は記憶装置に置かれたプログラムを読み込み，それにしたがって各装置がどう動作するかをコントロールする．**演算装置**は制御装置の指示にしたがい，

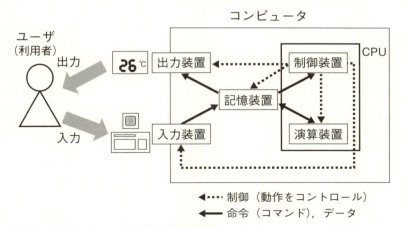

図 6.6　コンピュータを構成する装置

記憶装置の中のデータの計算を行う．制御装置と演算装置はあわせて**CPU（中央処理装置）**と呼ばれ，コンピュータの処理を司る中心的な役割を担う．CPU から直接読み書きするデータやコマンドは記憶装置の中の**主記憶装置（メインメモリ）**の中に収められる．CPU が高速に動作するので，主記憶装置も高速にアクセスできる半導体メモリが使用される．ただし一般的には，主記憶装置に使用する半導体メモリはデータ量あたりの価格が高く，容量も大きく増やすことはできない．さらに，電源を切れば記憶内容が失われる**揮発性**を持つ．これを補うものとして**補助記憶装置**がある．補助記憶装置は，ハードディスクや CD，DVD，Bluray など電源を切っても記憶内容が失われない**不揮発性**メモリであり，データ量あたりの単価が安価であったり，大容量であったり，持ち運びが容易であるなど主記憶装置を補う特徴を持つ．最近では半導体メモリではあるが不揮発性を持ち，かつ，比較的高速な**フラッシュメモリ**が広く普及し，書き換え可能な USB メモリなどの携帯メモリや，ハードディスクの代替となる **SSD（Solid State Drive）**などが広く利用されている．

（2）コンピュータの中でプログラムはどう実行されるか

（1）で述べた通り，コンピュータの動作を制御するのは CPU であるので，プログラムは最終的には CPU への指示となる．図 6.7 に示すよ

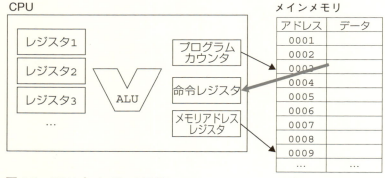

図 6.7　CPU とメインメモリ

うに CPU は計算を行う **ALU（算術論理演算装置）** や，ALU で計算を行う値などを置いておく**レジスタ**がある．さらに次に実行する命令がメインメモリのどの場所（アドレス，番地）に置かれているかを管理する**プログラムカウンタ**，実行する命令を置いておく**命令レジスタ**，データを読み込むときのアドレスを置いておく**メモリアドレスレジスタ**などの特殊な用途のレジスタがある．CPU で実行されるプログラムは数値で表された**機械語**で書かれているが，これはデータとともにメインメモリに置かれる．CPU ではまずプログラムカウンタが指すアドレスから命令を取り出し，それを命令レジスタに入れる．その命令にしたがい，メモリからレジスタに値を読み込むなどして ALU で計算を行う．プログラムカウンタは１つの命令を読み込めば自動的に次の命令を読むように加算される．また，次に実行する命令の場所を変更する命令もあるので，その場合はそれにしたがいプログラムカウンタを書き換える．これにより，条件分岐や反復などの処理を行うことが可能になる．レジスタは前節で紹介した変数にあたるものであるが，CPU の内部に置かれているためメインメモリより非常に高速で読み書きが可能である．しかし，その数は限られているので，必要最小限のもののみをレジスタに読み込み，計算を行うことになる．

　図 6.8 は CPU レベルで，図 6.5 のプログラムがどのように書かれるかを示したものである．前述のように CPU へのプログラムは機械語で記述されるが，それらは数値であるので，人間がプログラムを書く場合はそれを人間が読み書きしやすい記号（**ニーモニック表現**）に置き換えた**アセンブリ言語**を用いる．図 6.8 はアセンブリ言語のプログラミングでどのような処理が必要であるかを疑似言語で表したものである．実際のアセンブリ言語では値の読み書きや比較はレジスタを介して行われるが，ここではそれは省略した記述としている．

変数はメモリに置かれるが，アドレス（番地）を直接指定するのではなくラベルで参照する．これは一般のアセンブリ言語でも同様である．

条件分岐は0006番地から0008番地の部分である．0006番地の比較の結果を受け，図6.5のプログラムでの条件（temp > max）が成立していない，すなわち（temp番地の値）≦（max番地の値）のときは0008番地の処理を行わないようにするため，next（0009）番地に処理を移している（すなわちプログラムカウンタをnext番地としている）．

反復に関しては0003,0004行目で反復を続けるかどうかの判断をしているが，条件分岐と同様，反復を続ける条件（count > 0）ではなく，その逆の，反復を続けない条件（count ≦ 0）が成立した場合，反復

アドレス（番地）	ラベル	命令
0001		max（0015）番地にセンサからの値を置く
0002		count（0016）番地に1440を置く
0003	loop	count番地の値と0を比較する
0004		count番地の値が0以下ならばloopend（0013）番地に行く
0005		temp（0014）番地にセンサからの値を置く
0006		temp番地の値とmax番地の値を比較する
0007		temp番地の値がmax番地の値以下ならばnext（0009）番地に行く
0008		max番地にtemp番地の値を書き込む
0009	next	max番地の値を液晶パネルに出力する
0010		1分間待機する
0011		count番地の値を1減らす
0012		loop（0003）番地に行く
0013	loopend	プログラム終了
0014	temp	27
0015	max	26
0016	count	1440

図6.8 一日の最高気温を更新する処理（CPUレベル）

対象となる処理（0005 〜 0012）の次のアドレスである loopend
（0013）番地に処理を移す構造になっている．また，反復の最後では
先頭に戻って条件判断をするために無条件で loop（0003）番地に処
理を移している．

3. コンピュータでの式と手順の表現

　ここまで，擬似的な表記でコンピュータでの処理を示してきたが，コ
ンピュータに計算させるためにはあいまいさのない定められた書式にし
たがって指示を行う必要がある．すでに紹介したように，この指示を記
述したものを**プログラム**と呼ぶ．また，指示を記述するための人工的な
言語を**プログラム言語**（あるいは**プログラミング言語**）と呼ぶ．ここで
はプログラム言語とそれを使用するソフトウェアについて見ていく．

（1）プログラムとプログラム言語

　これまで見てきたように問題解決という視点でとらえると，計算は単
純な算術にはとどまらず，いくつかのステップにわかれた手順によって
解答を求めることになる．コンピュータに対して計算の手順を示したも
のをプログラムと呼ぶ．前節で紹介したように，コンピュータは，最終
的には電気信号で伝えられる0と1の2種類（二進）の数で表した機械
語というプログラム言語で書かれた命令にしたがい，CPUがどのよう
な計算や動作を行うかを決める．しかし，人間が機械語ですべてのプロ
グラムを書くことはアセンブリ言語を用いても煩雑であり，容易ではな
い．そこで，人間が理解しやすく，かつ，機械語に変換することが可能
なさまざまなプログラム言語が作られた．初期のコンピュータが英語圏
で作られたことなどから，プログラム言語は英単語をキーワードとして
処理の手順を書くことが一般的である．しかし，日本人にわかりやすく

するため教育用途を中心に日本語を用いて手順を書くことができるプログラム言語とそれを実行するソフトウェアも開発されている．

　機械語や，それにほぼ 1 対 1 に対応し，人間に読みやすいものとしたアセンブリ言語は**低水準言語**と呼ばれ，それ以外のものは**高水準言語**と呼ばれる．これは，コンピュータの世界では一般的に，コンピュータのハードウェアに近い部分を低い水準（レベル）とし，人間（ユーザ）に近づくにつれてレベルが高くなると表現するために付けられた呼び方である．高水準言語はそのままでは実行できないので，機械語への変換（翻訳）が必要になるが，これには大きく分けて 2 つの方式がある．1 つは**コンパイラ**と呼ばれるソフトウェアによりユーザが書いたプログラム（ソースプログラム）を一括して機械語にする方式，もう 1 つは，**インタプリタ**と呼ばれるソフトウェアを用いてソースプログラムを実行時に逐次的に解釈して機械語に変換する方式である．システム記述などに多く用いられる言語 **C** は主にコンパイラ方式で機械語へ翻訳し，プログラムを実行する．Web プログラミングで用いられる **JavaScript** は Web ブラウザによってソースプログラムが解釈されるインタプリタ方式の言語である．また，**Java** はソースプログラムをクラスファイル（バイトコード）と呼ばれる実行環境に依存しない中間形式の言語にコンパイルし，それを Java 仮想マシンと呼ばれるソフトウェアがインタプリタとなって実行するので，両者を併用する言語である．

（2）プログラム言語 Python

　プログラム言語はさまざまなものがあるが，ここでは Python を用いてプログラムを示していく．Python はオランダ人のグイド・ヴァンロッサムが開発したプログラミング言語で，文法を単純化することによってプログラムの読みやすさを高め，初心者でもプログラムを書きやすくし

た汎用の高水準言語である．インタプリタ上で実行することを前提に設計されており，対話型のシェルを使うこともできる．変数を使う場合，CやJavaなどではあらかじめ整数や実数などのデータ型を宣言しなければいけないが，Pythonは変数の宣言が不要で，使用するときにデータ型を決める動的な型付けを行うので，手軽にプログラミングが可能である．一方で，手続き型，オブジェクト指向，関数型などさまざまなプログラミングパラダイムに対応しているため，幅広い用途に利用できる言語である．また，利用可能なプログラムの部品（ライブラリ）が豊富で，機械学習などの応用分野のプログラミングにも広く利用されている．現在使われているPythonにはバージョン2.xとバージョン3.xの2つの系統があり仕様が異なっているが，ここでは，バージョン3.xを用いたプログラムを示す．

　Pythonは公式サイトからOSにあったインストールパッケージをダウンロードすれば簡単にインストールできる．Python標準として，IDLEという開発環境が用意されている．IDLEは対話型のシェル（図6.9

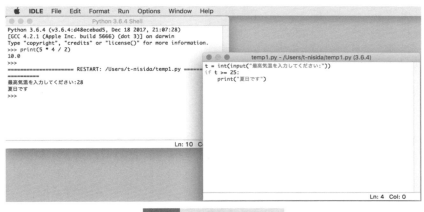

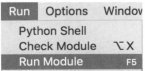

図6.9　IDLE

左上）やプログラミング用のエディタ（図 6.9 右上）が用意され，ファイルに書かれたプログラムの実行（図 6.9 下：エディタから "Run" メニューの "Run Module" を選択）が可能となっている[2]．

（3）Python のシェルを使った計算

　シェルとはユーザから入力を受け付け，それに対する反応を対話的に返すプログラムである．Python はインタプリタ方式であるので，1 行ずつプログラムを入力し，その結果を確認することが可能である．

　まずは，三角形の面積を求める計算をどのように Python で記述するかを見て行く．底辺 5，高さ 4 の三角形の面積を求めるという問題であった場合は「底辺×高さ÷2」の公式を使うが，一般のプログラム言語では掛け算の記号には *，割り算の記号には / が使われるので，式 5*4/2 を入力すれば計算できる．

```
>>> 5*4/2
10.0
```

　＞＞＞ はシェルにおいてユーザの入力を促すものでプロンプトと呼ばれる．入力するのは 5*4/2 のみで，その後に改行を入力すれば，計算結果が 10.0 と表示される．ここではシェルを使っているため計算式だけを書いてもその結果を表示されるが，プログラムとしてはその計算結果を表示するという指示が必要になる．Python での画面への値の表示は print（ ）という命令（関数）を用い，（ ）の中に数式を記述する．（関数の（ ）の中に書かれる式や数を引数と呼ぶ．）

```
>>> print(5*4/2)
10.0
```

---

[2] IDLE は開発環境としては基本的な機能しか用意されていないので，PyCharm など，その他の Python 用の高機能なプログラミング環境も多く存在している．

次に底辺5，高さ3の三角形の面積を求めると，以下のようになる．

```
>>> print(5*3/2)
7.5
```

ここで計算結果に注目すると，この計算結果の7.5だけでなく前の10.0も.0と小数点が付いた表記になっている．多くのプログラミング言語ではそのデータが数を表すのか，文字を表すのか，数の場合は整数なのか実数なのかなどを**データ型**（**data type**）として区別して扱うようになっている．この場合は小数点が付いているので計算結果が実数型となっていることを示している．確認のため，

```
>>> print(5*3)
15
```

という計算をすると，小数点が付かない．これは，計算結果が整数型となっているということを示している．Pythonでは整数同士の足し算，引き算，かけ算の計算結果は整数型となるが，割り算の計算結果は実数型となる．したがって，5*4/2と書いた式の各数は小数点を付けていないので整数同士の計算であるが，割り算があるので結果は10.0という実数型になる．なお，この扱いはプログラミング言語によって異なり，CやJavaなど整数同士の割り算の計算結果は小数点以下を切り捨てた整数となる言語も多い．小数点以下を切り捨てた解は，割り算の解を小数も許して求めるのではなく，整数の商と余り（剰余）として解を求める場合の「商」を求めることになる．この商をPythonで求めるためには，

```
>>> print(int(500/15))
33
```

というように int（） 関数を用いて計算結果を整数に変換すれば良い．
また，剰余を求めるための演算子としては，％が用いられるので，

```
>>> print(500%15)
5
```

とすれば余りが求まり，500÷15は商が33，余りが5であることが計算できる．

次に文字列を表示してみよう．

```
>>> print("こんにちは")
こんにちは
```

というように，文字列は " "（ダブルクォーテーション）で囲んで表す．
また，' '（シングルクォーテーション）で囲んで表すこともできる．

```
>>> print('こんにちは')
こんにちは
```

ここでコンピュータに簡単な挨拶をさせることを考えてみる．まず準備として，コンピュータが「おはよう」か「こんにちは」という挨拶をするとして，それを変数に代入する．Python の代入は＝を使うので，

```
>>> m="おはよう"
>>> a="こんにちは"
```

で，変数 m に " おはよう "，変数 a に " こんにちは " という文字列が代入される．これによって，

```
>>> print(m)
おはよう
>>> print(a)
こんにちは
```

というように，毎回文字列を書かなくても変数を使ってメッセージを表示できる．次に，時間帯によってコンピュータが返す挨拶を変えるようにすることを考える．そのためにまずは，現在何時なのかを調べる方法を見ていく．Pythonにはさまざまな機能を提供するライブラリ関数が用意されている．現在の「時」の取得もこのライブラリ関数を利用するが，そのためには datetime というライブラリ関数が入ったファイル（モジュール）を読み込まなければいけない．その読み込みは簡単で，import を使い，

```
>>> import datetime
```

と書くだけである．これにより，現在が9時台であれば，

```
>>> datetime.datetime.now().hour
9
```

と，datetime.datetime.now().hour によって現在の「時」が得られる．次に，条件分岐を使い0〜11時までならば「おはよう」，それ以降ならば「こんにちは」と挨拶するプログラムを作る．詳しくは次章で学ぶが，Pythonによる条件分岐はキーワード if と else を用い，以下のように記述する．

```
if 条件：
    条件が成り立ったときの処理
else:
    条件が成り立たなかったときの処理
```

ifの後に記述された不等式などの「条件」が成立していればその後の字下げ（インデント，　　で示す）された部分の処理を実行し，成立しなければelse:の後のインデントされた部分を実行する．これを利用すれば，以下のようなプログラムを作成することができる．

```
>>> if datetime.datetime.now().hour < 12:（改行）
    print(m)（改行）
else:（改行）
    print(a)（改行）
（改行）
おはよう
```

このプログラムの入力は若干複雑な操作が必要なので，改行箇所を「（改行）」と書いて明示している．プロンプトに続く1行目はキーワードifに続き，得られた「時」が12より小さいかどうかという条件を書く．このとき，最後の:を忘れることが多いので注意して欲しい．そうすると改行後，自動的な字下げが行われるので2行目を入力する．条件が成立したときの処理は複数行書くことができるので，引き続き同じ字下げが行われるが，ここでは1行のみなので，その字下げをバックスペースキーなどを使って消去し，行頭からelse:を入力する．4行目は2行目と同じように自動的に字下げされるのでそこから入力する．最後の5行目は一連の条件分岐のプログラムが終了することを示すため，字下げを消去し改行する（字下げを消さず改行してもよい）．これにより，

このプログラムが実行され，上の例のように9時台ならば12時より前なので「おはよう」とういう挨拶が返ってくる．また，これが，15時台であれば，以下のようになる．

```
>>> datetime.datetime.now().hour
15
>>> if datetime.datetime.now().hour < 12:
    print(m)
else:
    print(a)

こんにちは
```

　通常，このような構造を持つプログラムを毎回入力するのは煩雑であるので，シェルは使わず，ファイルにプログラムを書いて保存し，それを実行する．そのような形のプログラミングについては次章以降で見ていく．

演習問題

6.1 「図 6.5 一日の最高気温を更新する処理」は，1 日の終わりになると終了してしまう．これを新たに day という変数を設け，1 年（365 日）のサイクルで毎日の最高気温を表示することのできる手順に書き換えなさい．

6.2 「図 6.8 一日の最高気温を更新する処理（CPU レベル）」のプログラムでは，count の最初の値は 1440 であった．この初期値を 0 とした場合のプログラムに書き換えなさい．

6.3 プログラム言語を 5 種類挙げ，どんな言語で，どんな用途に使われるかをそれぞれ簡単に説明せよ．

6.4 3. 節で示した挨拶のプログラムを，0〜9 時台までならば「おはよう」，10〜17 時台までならば「こんにちは」，それ以降ならば「こんばんは」と挨拶するプログラムを作成せよ．なお，"こんばんは" は変数 n に代入されているとし，条件分岐には以下の構造を使用せよ（elif については次章でより詳しく学ぶ）．

```
if 条件 1:
    条件 1 が成り立ったときの処理
elif 条件 2:
    条件 2 が成り立ったときの処理
else:
    どの条件も成り立ったなかったときの処理
```

7 | コンピュータにおける式と手順

西田　知博

《**目標＆ポイント**》　これまでに学んできた計算は，一定の約束のもとでコンピュータ上での式として表される．ここでは，コンピュータ上で式を記述し，それを「手順化」してプログラムとすることを学ぶ．
《**キーワード**》　手順化，プログラム，制御構造

1. プログラムの制御構造

コンピュータで行う計算は**順次**，**分岐**（判断），**反復**（繰返し）の3つの構造で記述できることが知られている．これらはプログラムの流れを制御するものであるため**制御構造**と呼ばれており，多くのプログラム言語で記述できるようになっている．ここでは，Pythonによるそれぞれの構造の記述方法を説明する．

（1）順次構造

順次構造は特別な構造ではなく，プログラムが書かれた順に実行されるという基本的な構造である．

順序の重要性について，ここでは簡単な，

$$3+5\times8$$

という式の計算を例にとって見ていく．この計算は足し算を先にするのか，かけ算を先にするのかによって2通りの計算ができる．図7.1はその2通りの計算をプログラムとしたものである．

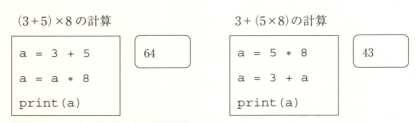

図 7.1　順序による計算結果の違い

　図 7.1 の左は足し算を先にした (3+5)×8 の計算を，右はかけ算を先にした 3+(5×8) の計算している．前章で紹介したように，1，2 行目は『=』の右側（右辺）の計算結果を左側（左辺）の変数 a の新しい値とする**代入**と呼ばれる操作である．代入は右辺の計算を行ったあと左辺に置いた変数の値を更新するので，2 行目のように右辺に左辺と同じ変数がある場合は，その前の行までの変数の値を使って計算した結果が左辺に代入されることになる．この例の場合，左のプログラムでは 1 行目で a の値が 8 になり，2 行目で 8×8 が計算され，a の値は 64 となる．また，右のプログラムでは 1 行目で a の値が 40 になり，2 行目で 3+40 が計算され，a の値は 43 となる．

　このように計算は順序により結果が異なる場合があるため，プログラムにおいてもその実行順が重要になる．私たちは四則演算の決まりとして，かけ算や割り算が足し算や引き算よりも先に計算すること，足し算や引き算，かけ算や割り算同士ならば左から順番に計算するということを知っている．したがって，3+5×8 の計算は図 7.1 の右のプログラムに書かれた順序の計算となる．実のところ，プログラム言語も同様の規則で計算を行う．以下のように 1 つの式でプログラムを書けば，計算結果は 43 となる．

```
print(3 + 5 * 8)
```

（2）分岐構造

いろいろな計算を1つのプログラムで行うためには，順に実行するだけではなく，その時点の計算経過などを見て場合分けをしなければいけないことが起こる．これを実現するのが分岐構造である．

```
t = int(input("最高気温を入力してください:"))
if t >= 25:
    print("夏日です")
```

最高気温を入力してください:28↓（入力）
夏日です

最高気温を入力してください:23↓（入力）

図 7.2　夏日を判定するプログラム

図 7.2 は入力された最高気温の数値を見て，25℃以上の夏日であるかを判定するプログラムである．条件分岐を行う if 構文は以下のように記述する（図中の"↓（入力）"は数値を入力して改行を入力していることを表す）．

```
if 条件:
    条件が成り立ったときの処理
```

キーワード if の後に記述された不等式などの「条件」が成立していればその後のインデント（字下げ）された行の処理を実行し，成立しなければ実行しないという構造となっている．条件には変数や計算式を，等しい ==[1]，等しくない !=，不等号 >, >=, <, <= などで比較した式が入る．条件の後には必ず":"を書かなければいけない．また，条件の式を「かつ」を表す "and" や「または」を表す "or" で結び，複合した

---

[1] = が代入に用いられるので，他のプログラミング言語でも等しいかどうかの比較演算子には == が使われることが多い．

条件を書くことも可能である．プログラム言語で条件が成り立ったときに実行する一連の処理はブロックと呼ばれる．一般のプログラム言語でブロックは"{"と"}"など特定の記号や文字列でブロックの先頭と末尾を囲むことが多いが，Pythonでは同じ空白の文字数でインデントされて並んだ文をブロックとみなすこととなっている．インデントは一般的には4文字の空白であるが，IDLEなどPythonの構文に対応したエディタを使えば自動的にインデントされたり，tabキーによって適切な空白を入力することができるので先頭が揃っていることを確認すれば，文字数は気にする必要はない．このプログラムでは，関数input()によりキーボードから最高気温の値を読み込み，変数tに代入する．input関数の中で書かれた文字列は，入力を促すためのメッセージ（プロンプトと呼ばれる）となる．そして，そのtの値が25以上かどうかという条件を判定し，満たせば「夏日です」というメッセージを表示する．

　分岐構造は図7.3のプログラムのようにelse節（ifと先頭を揃えたelse:）を付けることによって，条件が成立しなかったときに実行する処理を指定することもできる．

```
t = int(input("最高気温を入力してください:"))
if t >= 25:
    print("夏日です")
else:
    print("暑くありません")
```

```
最高気温を入力してください:23↓(入力)
暑くありません
```

図7.3　条件が成立しなかったときの処理も加えたプログラム

また，elif 節（elif 条件:）を使うことにより，多分岐の構造を書くことができる．図 7.4 は多分岐構造を用いて真夏日の判定を加えたプログラムである．最初に t の値が 30 以上かどうかという条件を判定し，それが成立しないときは再び t の値が（30 より小さく）25 以上かどうかという条件を判定している．このような追加の判定文はいくつでも増やすことができるので，より多くの場合分けが可能である．

```
t = int(input("最高気温を入力してください:"))
if t >= 30:
    print("真夏日です")
elif t >= 25:
    print("夏日です")
else:
    print("暑くありません")
```

最高気温を入力してください：28↓（入力）
夏日です

図 7.4　多分岐構造を使ったプログラム

（3）反復構造

コンピュータで計算を行うことの一番の意義は，高速に繰返して計算ができることにある．例えば，3+5×8 のような簡単な計算でも，それを人間が 100 回行う必要があるならば時間がかかり，また一度に行うことはかなり疲れることになる．これをプログラムで実現するのが反復構造である．

図 7.5 は 1 から 100 までの和を求めるプログラムである．while 構

文は以下のように記述し，条件が成立している間，インデントされている文（ブロック）を繰返し実行する．

```
while 条件：
    繰返す処理
```

図 7.5 において a は計算結果を納める変数で，初期値は 0 として繰返しの中で 1 〜 10 が順に足されていく．i は a に足していく数を収める変数で，初期値は 1 であるが，繰返されるブロックの最後の『i=i+1』で値が 1 ずつ加えられる．i が 10 以下の間の繰返しのブロックが実行されるので，『a=a+i』で 1 から 10 までの値が順に加算されることになる．このプログラムでは途中経過として何の値が加算されているかを『print(str(i)+"を加算")』で表示している．前章で紹介した通り，print 関数は数や文字列を画面に表示する関数であるが，変数 i の値（整数）と文字列を一緒に表示するために，引数の中で str() 関数を使い，i の値を文字列に変換し，＋で連結している．ここでの＋は文字列同士であるので加算ではなく文字列の連結と解釈される．もし，『print(i+"を加算")』とした場合は整数と文字列という異なるデータ型を

```
a = 0
i = 1
while i<=10:
    print(str(i) + "を加算")
    a = a + i
    i = i + 1
print("計算結果:" + str(a))
```

```
1を加算
2を加算
3を加算
4を加算
5を加算
6を加算
7を加算
8を加算
9を加算
10を加算
計算結果：55
```

図 7.5　1 から 10 までの和を求めるプログラム（1）

＋で結ぶことになるので，エラーとなる．

　繰返しの構造を書く文にはもう1つの形式がある．図7.6はfor構文を使って図7.5を書き換えたプログラムである．for構文は，以下のように記述し，データの集まりで指定されたデータを順に変数に代入して繰返しの処理を行うものである．

```
for 変数 in データの集まり：
    繰返す処理
```

　データの集まりとは次章で紹介するリストなど，データが順に並んだものである．図7.6で用いられているrange()は「第1引数」から「第2引数-1」までの連続した数字の列を生成する関数[2]で，forと組み合わせてよく使われる．『range(1,11)』では1から10までの連続した数字の列が生成され，それが順にiに代入され繰返し処理が行われる．したがって，whileを使った図7.5と同じ処理が行われることになる．

```
a = 0
for i in range(1,11):
    print(str(i) + "を加算")
    a = a + i
print("計算結果:" + str(a))
```

図7.6　1から10までの和を求めるプログラム（2）

　range関数で生成する数の列は標準では1ずつ増えるが，第3引数で増分を指定することができる．したがって，図7.7のように2ずつ増やして2から10までの偶数のみの和を求めることができる．また，range関数の引数は他の値や変数，式などに自由に変更できる．した

---

[2] 引数を1つのみにした場合は，第2引数のみを指定したことになり，0から引数-1の数が生成される．

がって,図7.8のように入力nを得て,第2引数をn+1とすることによって,1からnまでの和を求めるプログラムを作ることも容易である.なお,このプログラム最終行のprint文では,変数の値の文字列変換と+による文字列連結を利用し,2つの変数を含めた計算結果を表示している.

```
a = 0
for i in range(2,11,2):
    print(str(i) + "を加算")
    a = a + i
print("計算結果:" + str(a))
```

```
2を加算
4を加算
6を加算
8を加算
10を加算
計算結果：30
```

図7.7　2から10までの偶数の和を求めるプログラム

```
n = int(input("nを入力してください:"))
a = 0
for i in range(1,n+1):
    a = a + i
print("1から" + str(n) + "までの和は" + str(a))
```

```
nを入力してください:10000↓(入力)
1から10000までの和は50005000
```

図7.8　1から入力した数までの和を求めるプログラム

　和は公式を使えば人間の手でも簡単に計算できるが,階乗

第 7 章 コンピュータにおける式と手順　115

$$n! = n \times (n-1) \times (n-2) \times \cdots \times 2 \times 1$$

の計算は n が増えれば容易ではない．図 7.9 は階乗を求めるプログラムであるが，これは和を求めるプログラムを少し書き換えるだけで簡単に作ることができる．表示を除いた変更点は，以下の 3 点のみである．

- 計算結果を憶えておく変数 a の初期値を 1 とする
- i を n から 1 まで増分を -1 として繰返すようにする[3]
- 繰返しの中での計算をかけ算とする

```
n = int(input("nを入力してください:"))
a = 1
for i in range(n, 0, -1):
    a = a * i
print(str(n) + "の階乗は" + str(a))
```

> nを入力してください:10↵　　（入力）
> 10 の階乗は 3628800

図 7.9　階乗を求めるプログラム

2. 計算の手順化

ここでは，いくつかの例を用いて，計算を手順化してプログラムをどのように作るかと，作る際に考えるべきことを見ていく．

（1）三角形の面積を求める

まず，最初の手順化の例として，三角形の面積を求める計算をコンピュータで行うプログラムを考えていく．Python のシェルを使って計

---

[3] 増分を負にした場合は「第 1 引数」から「第 2 引数 +1」までの数の列を生成する．また，このプログラムでは定義通りに n から 1 までの積を計算しているが，1 から n までの積としても計算結果は同じである．

```
b = int(input("底辺：　"))
h = int(input("高さ：　"))
print(b * h / 2)
```

```
底辺：5↲　（入力）
高さ：3↲　（入力）
7.5
```

図 7.10　三角形の面積を求めるプログラム

算式を直接入力して計算する例は前章で紹介したが，ここでは辺の長さなどの情報を入力してもらい，面積を計算するプログラムを考えていく．

図 7.10 は三角形の底辺の長さと高さをキーボードからの入力してもらい，面積を求めるプログラムである．プログラムの最初で底辺の長さと高さをキーボードから整数の入力として読み込み，b と h という変数に代入して計算している．また，図 7.11 のように，入力された文字列を int() 関数の代わりに float() 関数で変換すれば実数の値を受け付けることができる．

```
b = float(input("底辺：　"))
h = float(input("高さ：　"))
print(b * h / 2.0)
```

```
底辺：5.5↲　（入力）
高さ：3.2↲　（入力）
8.8
```

図 7.11　三角形の面積を求めるプログラム（入力に実数を許す）

次に，3 辺の長さから三角形の面積を求めるプログラムを作ってみる．3 辺の長さを a, b, c とすれば，ヘロンの公式より，面積 S は以下の式で計算できる．

$$S = \sqrt{s(s-a)(s-b)(s-c)} \quad \text{ただし} \quad s = \frac{a+b+c}{2}$$

これをプログラムにしたものが図 7.12 である．このプログラムでは

```
import math
a = float(input("1つ目の辺の長さを入力してください： "))
b = float(input("2つ目の辺の長さを入力してください： "))
c = float(input("3つ目の辺の長さを入力してください： "))
s = (a + b + c) / 2
print(math.sqrt(s*(s-a)*(s-b)*(s-c)))
```

図 7.12　ヘロンの公式を使って三角形の面積を求めるプログラム

キーボードから実数として値を読み込み，変数 a, b, c に代入したあと，ヘロンの公式の $\dfrac{a+b+c}{2}$ を計算して変数 s に代入している．面積を求めるためには平方根の計算が必要であるが，これには Python の組み込み関数である math.sqrt() を用いる．これを使うためには数学関数を扱うための math パッケージを読み込む必要があるので，最初の行にある『import math』が必要になる．

（2）入力した値のチェックが必要な計算

　入力した値を変数に代入してパラメタ化して計算したとき，場合によっては計算ができないような入力が行われる場合がある．たとえば，以下のプログラムは 2 数の割り算を行うプログラムである．

```
print("a÷bを計算します")
a = int(input("aを入力してください： "))
b = int(input("bを入力してください： "))
print("商は "+ str(int(a/b)))
print("余りは "+ str(a%b))
```

しかし，0 での割り算はできないので，b に 0 が入力されると，プロ

グラムが正常に実行されないエラーとなってしまう．そこで，次のプログラムのように条件分岐の文を使い，bが0であるかどうかを調べ，0でないときのみ計算を行うようにしておくとエラーでプログラムが止まってしまうことを避けることができる．

```
print("a÷bを計算します")
a = int(input("aを入力してください： "))
b = int(input("bを入力してください： "))
if b==0:
    print("0では割れません")
else:
    print("商は "+ str(int(a/b)))
    print("余りは "+ str(a%b))
```

ヘロンの公式を用いて三角形の面積を求めるプログラムも，3辺の長さ a, b, c が三角不等式，

$$a < b+c,\ b < a+c,\ c < a+b$$

を満たさなければ三角形を作ることができないので，面積を計算することはできない．そこで，これを満たすかどうかをチェックするように図

```
import math
a = int(input("1つ目の辺の長さを入力してください： "))
b = int(input("2つ目の辺の長さを入力してください： "))
c = int(input("3つ目の辺の長さを入力してください： "))
if a<b+c and b<a+c and c<a+b:
    s = (a + b + c) / 2
    print(math.sqrt(s*(s-a)*(s-b)*(s-c)))
else:
    print("三角形をつくることができません")
```

図7.13 辺の長さのチェックを加えた三角形の面積を求めるプログラム

7.12 のプログラムを書き換えたものが，図 7.13 である．上の 3 条件はすべてを満たす必要があるので『and』で 3 つの不等式を結んだ条件式となる．

（3）九九の表を作る

九九の表は 1 から 9 までの段があり，それぞれの段で 1 から 9 までのかけ算を行う．これを行う手順は，

```
1から9の段まで繰返す
    1から9まで繰返してその段の数とかけ算し，表示する
    表示を次の行にする（改行する）
```

となり，繰返しの中に繰返しがある構造となる．これをプログラムとしたものが図 7.14 である．このプログラムでは，段の繰返しを変数 y を使って書き，その繰返し対象の文の中に段の数にかける数の繰返しを変数 x を使って書いている．その繰返しの中では，x*y の計算結果を出

```
for y in range(1,10):
    for x in range(1,10):
        print(str(x*y) + " ",end="")
    print("")
```

```
1  2  3  4  5  6  7  8  9
2  4  6  8  10 12 14 16 18
3  6  9  12 15 18 21 24 27
4  8  12 16 20 24 28 32 36
5  10 15 20 25 30 35 40 45
6  12 18 24 30 36 42 48 54
7  14 21 28 35 42 49 56 63
8  16 24 32 40 48 56 64 72
9  18 27 36 45 54 63 72 81
```

図 7.14　九九の表を出力するプログラム（1）

力しているがそれぞれで改行を行うと九九の表にならないので，print 関数の第 2 引数に『end=""』を指定して表示の最後を改行の代わりに空文字列と指定した『print(str(x*y)+" ", end="")』としている[4]．ただし，それぞれの段の最後では改行を行う必要があるので，x の繰返しの後に改行のみを表示するための『print("")』を実行するようにしている．

図 7.14 で出力した九九の表は縦方向に数字が揃っていないため，見にくいものとなっている．これは，計算結果が 1 桁のものと 2 桁のものが混じっているからである．これを改良するためには 1 桁の数すなわち 9 以下ならば空白を 1 文字出力してから計算結果を出力すればよい．こ

```
for y in range(1,10):
    for x in range(1,10):
        if x*y <= 9:
            print(" ",end="")
        print(str(x*y) + " ",end="")
    print("")
```

```
 1  2  3  4  5  6  7  8  9
 2  4  6  8 10 12 14 16 18
 3  6  9 12 15 18 21 24 27
 4  8 12 16 20 24 28 32 36
 5 10 15 20 25 30 35 40 45
 6 12 18 24 30 36 42 48 54
 7 14 21 28 35 42 49 56 63
 8 16 24 32 40 48 56 64 72
 9 18 27 36 45 54 63 72 81
```

図 7.15　九九の表を出力するプログラム（2）

---

[4] Python のバージョンが 2 の場合は仕様が異なるので，print　" 文字列 "，というように文字列の後ろにコンマを付けることで改行なしの出力にできる．

の処理を追加したプログラムが図 7.15 である．（3,4 行目）

（4）FizzBuzz 問題

"FizzBuzz" とはグループで遊ぶゲームで，円状に並んだプレイヤーが順に 1 から数を数えていく．ただし，3 の倍数ならば数ではなく "Fizz"，5 の倍数ならば "Buzz"，3 の倍数かつ 5 の倍数である 15 の倍数であるならば "FizzBuzz" と言わなければいけない．このゲームは英語圏の国で遊ばれているゲームであるが，これと同等のことをプログラムで書かせることがプログラマ志願者の適性を見分ける手法として提案されたことで日本でもよく知られている．

```
for i in range(1,101):
    if i%3 == 0:
        print("Fizz")
    elif i%5 == 0:
        print("Buzz")
    elif i%15 == 0:
        print("FizzBuzz")
    else:
        print(i)
```

```
1
2
Fizz
4
Buzz
Fizz
7
8
Fizz
Buzz
11
Fizz
13
14
Fizz
16
…
```

図 7.16　FizzBuzz プログラム（誤）

図 7.16 は 1 から 100 までの FizzBuzz をプログラムとしたときの誤答の例である．このプログラムは素直に i を 3 で割った余り（i%3）が 0 かどうかで 3 の倍数かを判断して "Fizz" を表示し，そうでないときに 5 の倍数かを判断して "Buzz" を表示し，そうでないときに 15 の倍数かを判断して "FizzBuzz" を表示するようにしたプログラムである．しかし，15 の倍数のときは 3 の倍数であるので "Fizz" のみを表示して次の数に移ってしまうので，このプログラムは誤りである．

これを修正したものが図 7.17 である．最初に 15 の倍数であるかを判断して "FizzBuzz" を表示するようにすれば，15 の倍数の場合の表示が正しくなり，かつ，3 や 5 の倍数の場合も問題なく表示できる．

```
for i in range(1,101):
    if i%15 == 0:
        print("FizzBuzz")
    elif i%3 == 0:
        print("Fizz")
    elif i%5 == 0:
        print("Buzz")
    else:
        print(i)
```

```
1
2
Fizz
4
Buzz
Fizz
7
8
Fizz
Buzz
11
Fizz
13
14
FizzBuzz
16
…
```

図 7.17　FizzBuzz プログラム（正）

```
for i in range(1,101):
    if i%3 == 0:
        print("Fizz",end="")
    if i%5 == 0:
        print("Buzz",end="")
    if i%3 != 0 and i%5 != 0:
        print(i)
    else:
        print("")
```

図 7.18 FizzBuzz プログラム（別解）

　また，FizzBuzz の解法は一通りではない．図 7.18 は 3 の倍数であれば "Fizz" を改行なしで表示し，5 の倍数であれば "Buzz" を改行なしで表示する．3 と 5 の倍数の elif ではなく別の if 文で判断しているので，15 の倍数の場合は "Fizz" と "Buzz" が続けて表示され "FizzBuzz" となる．その後，3 の倍数でも 5 の倍数（すなわち 15 の倍数）でもなければ数を表示し，そうでなければ空文字列を表示して改行を行うことで目的とした出力を得ることができる．

　FizzBuzz 問題はプログラミング能力を測るためには簡単な問題ではあるが，「剰余を使わず解け」などの条件を付けることにより，難しい問題とすることができる．図 7.19 は剰余を使わない FizzBuzz プログラムである．このプログラムでは，数え上げの過程で，次に "Fizz" と表示すべき数を管理する変数 n3 と，"Buzz" と表示すべき数を管理する n5 を用意する．数え上げの変数 i が表示を行うべき数となった場合，空文字列に初期化していた変数 fizz や buzz に表示する文字列を設定

```
n3 = 3
n5 = 5
for i in range(1,101):
    fizz = ""
    buzz = ""
    if i == n3:
        fizz = "Fizz"
        n3 = n3+3
    if i == n5:
        buzz = "Buzz"
        n5 = n5+5
    if fizz == buzz:
        print(i)
    else:
        print(fizz+buzz)
```

図 7.19　FizzBuzz プログラム（剰余を使わない）

し，n3 に 3 を加えたり，n5 に 5 を加えることによって次に表示すべき数を更新する．表示部は変数 fizz や buzz が等しい，すなわち，どちらも空文字列のままであれば数を表示し，そうでなければ fizz と buzz の内容を続けて表示する．15 の倍数の場合は fizz にも buzz にも文字列が設定されているので，表示は "FizzBuzz" となる．

演習問題

7.1 夏日，真夏日の判定に加え，最高気温が35℃以上ならば猛暑日と表示するようなプログラムを作成せよ．

7.2 1から100までの指定された数の倍数をすべて出力し，また，その和も出力するプログラムを作成せよ．

7.3 2つの整数を入力してもらい，変数 n, r に入れ，n^r を計算して出力するプログラムを作成せよ．ただし，r は 0 以上であるとし，負の数が入力された場合は「r には 0 以上の数を入力してください」と表示するようにせよ．

7.4 九九の表（1×1 〜 9×9）をインド式の1×1 〜 20×20に拡張した表を出力するプログラムを作成せよ．表の出力は図7.15のプログラムのように縦方向に数字が揃うようにすること．

7.5 次のプログラムの出力がどうなるかをプログラムを実行せず書き出せ．

```
for i in range(1,16):
    if i%2 == 0:
        print("ちゃう")
    elif i%5 == 0:
        print("ちゃうん")
```

8 | アルゴリズム

西田　知博

《目標＆ポイント》　手順はより一般的にはアルゴリズムという形で表現できる．ここではアルゴリズムの定義とその表現方法を紹介する．また，その例を身近なテーマを交えて学ぶ．
《キーワード》　アルゴリズム，フローチャート，リスト，貪欲法

1. アルゴリズムとは

　前章では計算をコンピュータで行うためにプログラム言語を利用して手順として表す方法を見てきたが，計算のための手順は一般的にはアルゴリズムと呼ばれる．ここでは，アルゴリズムの定義とその意義について学ぶ．

（1）アルゴリズムとは

　コンピュータなどで，計算が可能となるように問題の解き方の手順を明確に示したものを，アルゴリズムと呼ぶ．アルゴリズムは書き方に制約はないが，以下を満たして記述することが求められる．

・いくつかの基本的な操作を有限個並べて記述する．
・各操作はあいまいさがなく理解できるもので，それぞれが有限時間で実行できる．

　ここで述べている基本的な操作とはプログラム言語で考えれば，演算や変数への代入などの命令や，条件分岐や繰返しなどの制御構造にあたるものである．ただし，書き方に制約はないため，あいまいさなく伝え

ることができる表現であれば記述法は自由である．ただしその際に，操作が自明ではない計算や処理であってはいけない．

アルゴリズムが満たすべき性質として，以下の2つがある．
・アルゴリズムによって求められた結果が正しいこと．（**健全性**）
・アルゴリズム全体が有限回の操作を実行して終わる．（**停止性**）

この2つの性質をアルゴリズムの**完全性**と呼ぶ．厳密な意味でのアルゴリズムは完全性を満たすことが求められるが，停止性を重視し，実用上問題がないほぼ正しい解を出す**近似アルゴリズム**なども存在する．

（2）アルゴリズムの例

ここでは，最古のアルゴリズムとして知られる，最大公約数を求めるユークリッドのアルゴリズムを紹介する．

図8.1は自然数a，bの最大公約数を求めるユークリッドのアルゴリズムを，日本語を用いたプログラミング言語のような表現（擬似コード）で表したものである．

```
1. aとbが等しくない間，以下を繰り返す
   1.1  aがbより大きければ，
        1.1.1  a－bをaの値とする
   1.2  そうでなければ，
        1.2.1  b－aをbの値とする
2. 最大公約数としてaの値を表示する
```

図8.1　ユークリッドのアルゴリズム（擬似コード）

このアルゴリズムを用いれば，36 と 24 の最大公約数は以下のように求められる．

```
a=36, b=24 とおく
a>b なので，a=36−24=12 とする
b>a となったので，b=24−12=12 とする
a=b となったので，a（および b）の値 12 が最大公約数
```

また，互いに素（最大公約数が 1）な 11 と 30 をこのアルゴリズムで計算すると以下のようになり，答えが 1 となることが確認できる．

```
a=11, b=30 とおく
b>a なので，b=30−11=19 とする
b>a なので，b=19−11=8 とする
a>b となったので，a=11−8=3 とする
b>a となったので，b=8−3=5 とする
b>a なので，b=5−3=2 とする
a>b となったので，a=3−2=1 とする
b>a となったので，b=2−1=1 とする
a=b となったので，a（および b）の値 1 が最大公約数
```

アルゴリズムは図を用いて視覚的にわかりやすい形で示すこともできる．図 8.2 はフローチャートと呼ばれる図を用いてユークリッドのアルゴリズムを描いたものである．フローチャートは，処理の流れを，処理が書かれた図形とそれを結ぶ線で描いた図である．フローチャートでは上から下，もしくは矢印にそって線をたどるように処理を順に並べることによって流れを表す．また，ひし形の図形が分岐構造となっており，条件を満たすかどうかなどで，流れを分岐させることができる．

このようなアルゴリズムの表現はプログラム言語には依存しない．コンピュータ上で実行するためにはプログラム言語を用いてプログラムを作成しなければいけないが，その選択が自由となることのメリットが大きいため，アルゴリズムは言語に依存しない形で示されることが多い．

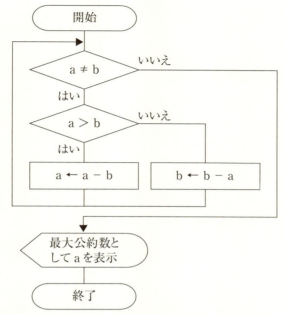

図 8.2 ユークリッドのアルゴリズム（フローチャート）

```
a=int(input("aを入力してください:"))
b=int(input("bを入力してください:"))
while a != b:
    if a > b:
        a = a - b
    else:
        b = b - a
print("最大公約数は "+str(a))
```

```
#include <stdio.h>
int main(void) {
  int a, b;
  printf("aを入力してください\n");
  scanf("%d",&a);
  printf("bを入力してください\n");
  scanf("%d",&b);
  while (a != b) {
    if (a > b)
      a = a - b;
    else
      b = b - a;
  }
  printf("最大公約数は %d\n",a);
  return 0;
}
```

図 8.3 ユークリッドのアルゴリズム（Python, C）

図8.3の左はPythonのプログラムであり，右はCを用いたプログラムである．細かい記述方法は異なるが，問題を解くための「考え方」であるアルゴリズムが理解できていれば2つのプログラムが同じ処理を行っていることは比較的容易に理解できる．

ユークリッドのアルゴリズムは$a \geq b$であるとすれば，割り算を用い，図8.4のように表すことができる．2つの数をお互いに割り算することによって最大公倍数を求めるため，ユークリッドの互除法とも呼ばれる．

```
1．bが0でない間，以下を繰り返す
   1.1 aをbで割った余りを新しいbとする
   1.2 元のbを新しいaとする
2．最大公約数としてa の値を表示する
```

図8.4　ユークリッドのアルゴリズム（割り算を使用）

このアルゴリズムを使って，36と24の最大公約数を計算すると以下のようになる．割り算$a \div b$はaからbを何回引けるかを調べることと等価であり，図8.1のアルゴリズムは割り算を引き算によって計算しているだけで，本質的には同じアルゴリズムである．

```
36>24 なので a=36, b=24 とおく
36÷24 の余りが 12 なので，b=12, a=24 とする
24÷12 の余りが 0 なので，b=0, a=12 とする
b=0 となったので，a の値 12 が最大公約数
```

図8.4のアルゴリズムをPythonで書いたプログラムが図8.5である．アルゴリズムはシンプルであるが，これをプログラムとして動作させるためにはいつかの処理を追加しなければいけない．まず，$a \geq b$でないといけないので，入力されたa，bが$a < b$である場合はその値を交換しなければいけない．変数の値の交換するためには以下の3つの代入を

行う手順が必要である（図8.6）．
① aの値を別の変数（ここではt）に代入して退避
② bの値をaに代入
③ 変数tに退避していたaの値をbに代入

また，1.2の「元のbを新しいaとする」を実現するためにも，元のbの値を別の変数に退避させる必要があるのでtを用いている．続いて，割り算の余りは演算子「%」で計算できるので，a % bの結果を新しいbの値として代入している．

```
a = int(input("aを入力してください： "))
b = int(input("bを入力してください： "))
if a < b:
    t = a      # a, bの値を入れ替える
    a = b
    b = t
while b != 0:
    t = b
    b = a % b
    a = t
print("最大公約数は " + str(a))
```

図8.5　ユークリッドのアルゴリズム（Python, 割り算を使用）

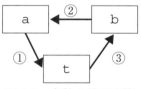

図8.6　変数の値の交換

(3) アルゴリズムの手間

　アルゴリズムによって計算にかかる手間が大きく変わってくる．ここでは，その例として，10179 と 24360 の最大公約数を求める計算を考える．最大公約数を求める方法として一般に知られるのは，2 数を素因数分解し，その共通の因数の積を求めるものである．この方法で考え，まず 2 数を素因数分解すると，$10179 = 3^3 \times 13 \times 29$，$24360 = 2^3 \times 3 \times 5 \times 7 \times 29$ となるので，最大公約数は $3 \times 29 = 87$ となる．10179 の素因数分解は 5 つの数の積であるのでこの式を求めるためには少なくとも 4 回の割り算が必要である．また，24360 は同様に 6 回の割り算が必要である．加えて，どの素数が因数になるかを調べなければいけないので，更に多くの計算が必要になる．これに対し，以下はユークリッドの互除法を使って最大公約数を計算する過程を示したものであるが，6 回の割り算で求めることができる．

```
10179＜24360 なので a=24360, b=10179 とおく
24360÷10179 の余りが 4002 なので，b=4002, a=10179 とする
10179÷4002 の余りが 2175 なので，b=2175, a=4002 とする
4002÷2175 の余りが 1827 なので，b=1827, a=2175 とする
2175÷1827 の余りが 348 なので，b=348, a=1827 とする
1827÷348 の余りが 87 なので，b=87, a=348 とする
348÷87 の余りが 0 なので，b=0, a=87 とする
b=0 となったので，a の値 87 が最大公約数
```

　最初の割り算 a÷b での「割る数」b は 10179，求められた「余り」a％b は 4002 であるが，それらの最大公約数も 87 であるということに注目してほしい．「割る数」と「余り」を比べると「割る数」の方が大きいので，新たに「割る数」を a，「余り」を b として同じ計算を繰り返せば，より小さい数の計算にすることができる．この繰返しにより最終的には割り算の「割る数」が最大公約数となり割り切れるので，「余

り」が0となる．このように，ユークリッドの互除法は，aとbとの最大公約数が，bと"aをbで割った余り"との最大公約数と同じとなることを利用したアルゴリズムである．

2. 生活の中のアルゴリズム

コンピュータでの処理に限らず，与えられた問題に対する答えは1つであっても，その解き方は一通りとは限らず，たくさんあることが普通である．解き方が違えば必要な時間などの処理の効率も変化するので，私たちはできるだけ効率の良い方法で問題を解決できないかを考える．ここでは生活の中で考えることができるアルゴリズムの例を見ていく．

（1）野菜を切るアルゴリズム

野菜を切るときは包丁を使う回数が少なければ，調理も速くできるので効率が良い．ここでは，大根を図8.7のようにいちょう切りで40片にするアルゴリズムを考えてみる．

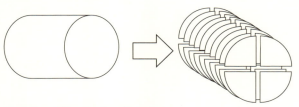

図8.7 大根のいちょう切り

まず，1つ目のアルゴリズムとして以下の切り方を考える．

```
1. 輪切りで10枚の円形のスライスを作る
2. 各スライスに対して
   2.1 十字に切って，いちょう型とする
```

このアルゴリズムでの基本操作は包丁を使った「輪切り」と「十字に切る」という操作であり，9回の「輪切り」操作と10回の「十字に切る」操作によって40片のいちょう型を作る（図8.8）．「輪切り」は1回包丁を使い，「十字に切る」は2回包丁を使うので，このアルゴリズムでは$9+10\times2=29$回包丁を使うことになる．

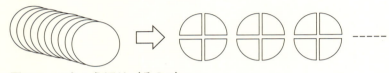

図 8.8　いちょう切り（その 1）

次に2つ目のアルゴリズムとして，以下を考える．

> 1. 縦に十字に切る
> 2. 半円柱となるように2つをまとめたそれぞれに対して，
>   2.1 端から10枚に切り，いちょう型とする

このアルゴリズムでの基本操作は円柱形の大根を「縦に十字に切る」という操作と，半円柱になるようにまとめた大根を「10枚に切る」という操作である(図8.9)．「縦に十字に切る」操作は2回包丁を使い*，「10枚に切る」操作は9回包丁を使いかつ同じことを2回行うので，このアルゴリズムでは$2+9\times2=20$回包丁を使うことになる．

図 8.9　いちょう切り（その 2）

2つのアルゴリズムを比べると2つ目の方が包丁を使う回数が少ない

---

* 半円柱の2片をたばねて切るのが難しい場合はそれぞれの半円柱毎に包丁を使うので合計3回包丁を使うことになるが，それでも総合計は21回である．

ので，効率のよい方法となる．2つ目のアルゴリズムで半円柱に分けてスライスするのではなく，円柱状のままスライスするとさらに効率がよくなるが，十字に切った円柱状の大根は下に丸みがあって不安定となり，端からスライスするために4片の大根をずれないように持って包丁を使うことは難しいので，実施可能な基本操作とすることは不適当である．実際に，2つ目の方法は一般的ないちょう切りの手順として料理の本などで紹介されているものであるが，このようにアルゴリズムとして表現することによって，効率のよさを分析することが容易になる．

（2）お釣りの計算

　お釣りなどを支払うとき，どういった紙幣や硬貨（金種）をそれぞれ何枚使えばいいかを計算することを金種計算と呼ぶ．ここでは硬貨(500円，100円，10円，5円，1円)のみを使い，お釣りとして支払う硬貨の枚数が最小となるようにアルゴリズムを考える．また，問題を簡単にするために，支払える硬貨の数には制限がなく，何枚でも支払い可能であるとする．このとき，アルゴリズムは高額の硬貨から順に支払えるだけの枚数を支払うという戦略でうまくいく．このように問題を分割してそれぞれでもっとも好ましいと思われる解を順にもとめながら全体の解を求めるアルゴリズムを**貪欲法**（greedy algorithm）と呼ぶ．貪欲法で必ずしも最適な解を得られる訳ではないが，この問題では，高額の硬貨から支払い枚数を決めることによって枚数を最小にでき，かつ，1円玉があるため，どんな金額であっても最終的には必ず過不足ないお釣りを支払うことができる．図8.10はこの戦略に従って金種の計算を行うアルゴリズム（フローチャート）とそれをPythonで書いたプログラムである．アルゴリズム中の「支払えるか？」の判断は，プログラムでは支払う残金をその金種で割り，その商が0より大きいかどうかで判断して

```
kingaku=int(input("金額を入力してください： "))
n=int(kingaku/500)
if n > 0:
    print("500円玉×"+str(n))
    kingaku=kingaku - 500*n
n=int(kingaku/100)
if n > 0:
    print("100円玉×"+str(n))
    kingaku=kingaku - 100*n
n=int(kingaku/50)
if n > 0:
    print("50円玉×"+str(n))
    kingaku=kingaku - 50*n
n=int(kingaku/10)
if n > 0:
    print("10円玉×"+str(n))
    kingaku=kingaku - 10*n
n=int(kingaku/5)
if n > 0:
    print("5円玉×"+str(n))
    kingaku=kingaku - 5*n
n=int(kingaku/1)   # n=kingaku でもよい
if n > 0:
    print("1円玉×"+str(n))
    kingaku=kingaku - 1*n   # 本来は不要
```

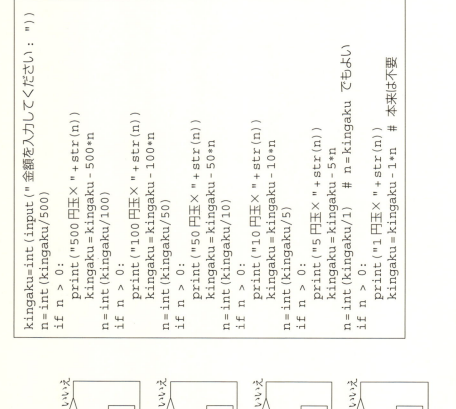

図 8.10　金種計算

いる．また，最後の1円玉での支払いはフローチャートでは条件判断の構造とはしていないが，プログラムでは繰返しの処理に書き換えることを考えて他の硬貨と同様の形とするために1で割り，その商が0より大きければ支払額を表示する処理としている．

図8.10には123円のお釣りを計算した時の実行結果を示しているが，プログラムでは以下のような計算が行われる．（÷は商の計算を示す．）

```
入力により kingaku=123 となる
n=123÷500=0 なので，500円玉では支払わない
n=123÷100=1 なので，100円玉で1枚支払い，kingaku=123－100=23 とする
n=23÷50=0 なので，50円玉では支払わない
n=23÷10=2 なので，10円玉で2枚支払い，kingaku=23－20=3 とする
n=3÷5=0 なので，5円玉では支払わない
n=3÷1=3 なので，1円玉で3枚支払い
```

このプログラムは難しいものではないが，各硬貨に対する同様の処理が並び，長くなってしまっている．これらを繰返しの処理にできればプログラムは短くなって理解しやすくなるが，硬貨の金額はバラバラで繰返しの変数などを用いて計算することはできない．そこで，この金額を憶えておくため，**リスト**というデータ構造を用いることを考える．

| Kinshu | 500 | 100 | 50 | 10 | 5 | 1 |

図 8.11　リスト

リストとは，図8.11のように1つの変数で複数のデータを扱えるように一列に並べたものである．CやJavaなど多くのプログラミング言語では**配列**と呼ばれるデータ構造が用いられる．配列は変数名と整数

(**添字**) の組み合わせて表現し，1つの変数名で複数のデータを扱えるようにしたものである．Python のリストは配列と同様に使うことができ，さらに前もって使用する要素の数（サイズ）を指定する必要がなく，異なる型のデータを並べることができるなど柔軟に利用することができる．図 8.12 は金種計算のプログラムを，リストを使って書き換えたものである．このプログラムでは，Kinshu = [500, 100, 50, 10, 5, 1] の部分で，リスト Kinshu にそれぞれの硬貨の金額を高い順に設定している．

```
for 変数 in リスト:
    (繰返し処理)
```

という繰返し（for 文）の中では，リストの要素を先頭から順に変数に代入し，繰返し処理を行う．したがって，図 8.12 では変数 k に 500 から順にリストに並んだ金額が入るため，図 8.10 に繰返し現れる処理を for 文の中に入れ，金額を k に書き換えることでシンプルなプログラムにすることができる．また，リストを使ったプログラムとすることによって，紙幣を含めた金種計算に比較的簡単に拡張することができる．

```
Kinshu = [500, 100, 50, 10, 5, 1]
kingaku = int(input("金額を入力してください: "))
for k in Kinshu:
    n = int(kingaku/k)
    if n > 0:
        print(str(k) + "円玉×" + str(n))
        kingaku = kingaku - k*n
```

図 8.12　金種計算プログラム（リストを利用）

（3）財布から小銭を支払う

次に，財布の中の小銭でお金を払うような場面を想定して前節と同じ金種問題を考えてみる．この場合，硬貨の枚数には限りがあるので，その範囲内でどのように支払えるかを考えなければいけない．この問題は図8.10のアルゴリズムを元に考えればいいが，全体を見直す必要はなく，各硬貨で図8.13のような変更を加えていけばよい．図8.12でリストを使い各硬貨の処理を1つにまとめたので，この問題を解くプログラムは繰返しの中の処理をアルゴリズムにしたがって書きなおせばよいことになる（図8.14）．このプログラムでは，リストKTableの各要素に各硬

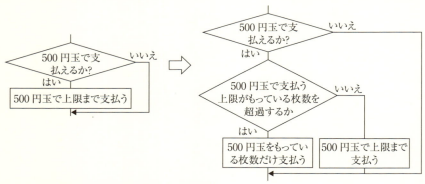

図 8.13 金種計算アルゴリズムの変更点

```
KTable = [[500,1],[100,2],[50,3],[10,12],[5,4],[1,10]]
kingaku = int(input("金額を入力してください："))
for kt in KTable:
    n = int(kingaku/kt[0])
    if n > 0:
        if n > kt[1]:
            n = kt[1]
        print(str(kt[0]) + "円玉×" + str(n))
        kingaku = kingaku - kt[0]*n
if kingaku>0:
    print("支払いきれませんでした")
```

図 8.14 枚数に上限がある金種計算プログラム

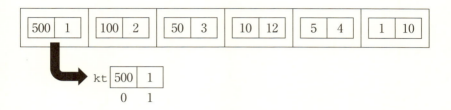

図 8.15　リストを要素としたリスト

貨の金額と持っている枚数を組としたリストを設定している（図 8.15）．繰返しの中の処理では変数 kt に金額と枚数を組としたリストが入る．リストの各要素は変数名の後に [ ] で囲った添字をつけることにより参照できる．添字はリストの先頭を 0 とし，順に付けられるので，kt[0] が金額，kt[1] が枚数となる（図 8.15）．アルゴリズム通り，kt[1] に入った上限枚数と比較して超えるようならば支払う枚数（n）をその上限枚数に留めるようにしている．また，この問題では所持金よりも多い金額が入力されるなど，払い切れない場合も考えられるので，繰返し処理の後，支払っていない金額（kingaku）が 0 より大きければ，「支払いきれませんでした」と表示するようにしている．

　この章で挙げたように，コンピュータや計算に関するものだけではなく，さまざまな問題に対する解決法をアルゴリズムとして記述することができる．いろいろな問題に対する解法をアルゴリズムとして記述することは容易ではないが，「基本操作」が何であるかを考え，「あいまいさがない表現」で記述することにより，解くべきことが明確になり，効率化などの検討も容易になる．アルゴリズムの効率化に関しては次章で考える．

演習問題

8.1 図 8.4 のアルゴリズムをフローチャートで記述せよ．（元の b は図 8.5 のように t に退避して憶えておくようにすること．）

8.2 2184 と 1170 の最大公約数を図 8.4 のアルゴリズムを使って求めよ．

8.3 図 8.5 のプログラムを利用し，分母，分子を入力してもらった分数を約分し，以下のように表示するプログラムを作成せよ．ただし，約分できなかった場合は，「約分できません」と表示すること．

```
分母を入力してください：21 ↓（入力）
分子を入力してください：9 ↓（入力）
7 分の 3
```

```
分母を入力してください：29 ↓（入力）
分子を入力してください：11 ↓（入力）
約分できません
```

8.4 料理の手順など，コンピュータに直接関係がないことを題材としたアルゴリズムを擬似言語で記述せよ．

8.5 図 8.12 のプログラムを以下の出力のように，紙幣（10000 円札，5000 円札，2000 円札，1000 円札）も扱うように書き換えよ．

```
金額を入力してください：26814 ↓ （入力）
10000 円×2
5000 円×1
1000 円×1
500 円×1
100 円×3
10 円×1
1 円×4
```

9 | アルゴリズムと能率

西田　知博

《**目標＆ポイント**》　特定の問題に対する解法は複数存在するのが普通で，しかもそれぞれ計算量が異なることが多い．ここでは計算手順に則した処理の手間に基づく能率の諸側面について探索アルゴリズムなどを通じて学ぶ．
《**キーワード**》　計算量，計算量のオーダ，探索

1. 計算量とは

　これまで紹介してきた通り，1つの問題を解くためのアルゴリズムは複数存在する．アルゴリズムの良さを測る尺度の1つである計算量という考え方を紹介する．

（1）アルゴリズムの評価

　図 9.1 は自然数 a, b の最大公約数を求めるプログラムである．このアルゴリズムでは，a, b を 2 から順に a, b のうち小さい方の数まで割り算していく．その過程で，どちらも割り切る数（公約数）が見つかるごとに，その数をここまでの最大公約数として変数 gcd に代入していき，最終的な gcd の値を最大公約数とする．このアルゴリズムは単純でわかりやすいが，第 8 章で考えた，10179 と 24360 の最大公約数を求めようと思うと，(10179−1)×2＝20356 回の割り算が必要となる．一方，8 章で述べたように，ユークリッドの互除法を使った場合は，6 回の割り算で最大公約数を求めることができる．どちらのアルゴリズムを使っても問題を解くことはできるが，必要な計算の回数は大きく異な

り，それに伴って，計算に必要な時間も長くなってしまう．

計算に使用するコンピュータ上の資源の量を**計算量**と呼ぶ．計算量には大きく分けて計算に必要な時間を表す**時間計算量**と，必要なメモリの量を表す**空間計算量**の2つがある．通常，計算を行う際にはメモリの消費量よりも，計算にかかる時間を重視することが多いので，単に計算量と言う場合は時間計算量を指すことが一般的である．以下では，単に「計算量」と書いた場合，時間計算量を指すこととする．

```
a = int(input("aを入力してください： "))
b = int(input("bを入力してください： "))
if a < b:     # a, bのうち小さい方をeに
    e = a
else:
    e = b
gcd = 1
for i in range(2, e+1):
    if a%i==0 and b%i==0:
        gcd = i
print("最大公約数は " + str(gcd))
```

図9.1 単純な方法で最大公約数を求めるプログラム

（2）計算量の評価

アルゴリズムの計算量を評価する方法として，それをプログラムとし，コンピュータで実行してその時間を比較することが考えられる．しかし，実行時間はコンピュータの性能や環境に左右され，一般的にアルゴリズムの良し悪しを評価するためにはあまり適したものとは言えない．そこで，アルゴリズムの中で，全体の計算時間に主として影響を与えると思われる比較や演算などが何回行われるかを評価することが多い．前節での最大公約数を求めるアルゴリズムの評価では，割り算をして剰余を求める演算に着目し，その回数を比較した．

入力や用意するデータによって計算の内容が変化するアルゴリズムの場合，それによって演算の回数も当然，変化することになる．たとえば，2と4の最大公約数を求めるのであれば，ユークリッドの互除法は1回の割り算で余りが0となり計算が終了する．また，図9.1のアルゴリズムでも2%2と4%2の計2回の割り算をするだけで計算が終わり，その差はほとんどない．一方で，前節で見た例の場合では大きな差が生じる．したがって，入力によって計算量にどのような変化があるかを評価する必要がある．このために，与えられたデータを代表するパラメタを用いて演算の回数を表現し，比較が行われる．たとえば，図9.1のアルゴリズムでは，最大公約数を求める数のうち小さい方をnとおけば，割り算の回数は$2\cdot(n-1)$となる．また，ユークリッドの互除法では，割り算の回数は最悪でも小さい方の数nの10進法での桁数の5倍以内であるということが証明されている（ラメの定理）．nの桁数は$\lceil \log_{10} n \rceil$[1]で表されるので，割り算の回数は最悪でも$5\log_{10}n$以下となる．図9.2はこれをグラフにプロットしたものである．これを見ると，nが増える

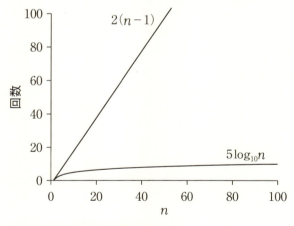

図 9.2 割り算の回数の比較

---

[1] 「⌈ ⌉（シーリング，ceilling）は小数点以下を切り上げる記号である．

と,2つのアルゴリズムの計算回数に大きな差が出ることがわかる.

(3) オーダ

前節で述べたようにアルゴリズムの計算量は問題を代表するパラメタを用いた式(関数)で表し,評価する.このパラメタのことを一般に問題の大きさと呼ぶ.図 9.3 は,問題の大きさを n,計算量を関数 $T(n)$ で表すとき,関数 $T(n)$ を $\log n$, $\sqrt{n}$, n, $n\log n$, $n\sqrt{n}$, n^2, 2^n (log の底は2)としてグラフを描いたものである[2].これを見てわかるように,n が増えるにしたがって,増加する度合いは関数によって大きく異なる.$\log n$ や $\sqrt{n}$ は他の関数に比べて値の増加が少なく軸に張り付くようになっているため,グラフの形をほぼ見ることができない.一方で 2^n は急激に増加し,小さな n でグラフが範囲外に出てしまっている.

前節でも述べたようにアルゴリズムの実行時間はコンピュータの性能などに影響を受ける.また,上で見たように計算量の項となりえる関数の増加率は大きく異なり,n が大きくなると,増加率の小さな項は大き

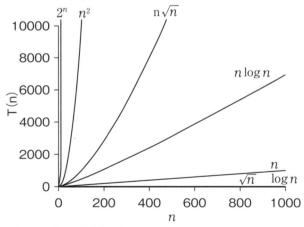

図 9.3 計算量の関数

---

[2] 計算量の評価において,対数は 2 を底とすることが一般的である.

な項と比べて無視してもよいぐらいのものにしかならない．したがって，多くのデータを扱うことを考えるアルゴリズムでは，計算量はその関数を詳細に求めてもあまり意味はなく，n が非常に大きくなったときにどう変化するかを考える**漸近的評価**を行うことが一般的である．これは，関数の中で主として増加する項（主要項）のみを考え，他の項は無視するという評価である．たとえば，前節で考えた $2 \cdot (n-1) = 2n - 2$ という関数は，n が大きくなれば主要項 $2n$ が大きくなるので，-2 を無視しても評価には支障がない．また，係数の 2 もコンピュータ環境が変われば吸収されてしまう程度の差しか生じないので，無視して評価を行う．主要項から係数を除いたものを**オーダ**（order）と呼ぶ．$T(n) = 2n - 2$ の場合，オーダは n で，$O(n)$ と表記する．$T(n) = 5 \log_{10} n = \frac{5}{\log 10} \log n$ の場合は，$O(\log n)$ となる．

オーダとは，その関数の「大きくなる度合い（速度）」を表した概念で，通常は，関数のクラス（集合）として表す．以下の例を見るとわかりやすい．

- 1 次関数のオーダは，$O(n)$ である．
$$O(n) = \{n, 2n, 3n, \cdots, n+1, 2n+1, \cdots\}$$
- 2 次関数のオーダは，$O(n^2)$ である．
$$O(n^2) = \{n^2, n^2 + n, 2n^2 + n, 100n^2 + 1000000n + 10000000, \cdots\}$$
- 2 を底に持つ指数関数のオーダは，$O(2^n)$ である．
$$O(2^n) = \{2^n, 2^n + n^2, 3 \times 2^n + n^{100}, \cdots\}$$
- 対数関数のオーダは，$O(\log n)$ である[3]．
$$O(\log n) = \{\log_2 n, \log_3 n, \log_{10} n, \log_2 2n\}$$

これらを，定義として表すと，「n の関数 $f(n)$ のオーダが，$O(\phi(n))$ である」とは，次のことが成り立っているときとする．

- ある 0 でない実数の値 r が固定されていて，n の値を大きくしてい

---

[3] $\log_3 n = \frac{\log_2 n}{\log_2 3}$ や，$\log_2 2n = 1 + \log_2 n$ であることに注意．

くと，$\frac{f(n)}{\phi(n)}$ の値は，$r \neq 0$ に近づいていく．

$$\lim_{n \to \infty} \frac{f(n)}{\phi(n)} = r \in \mathbb{R}（ただし r \neq 0）$$

次の2つの関数を考える．
$$f(n) = 10n^2 \ と\ g(n) = \frac{n^2}{10}$$

一見すると，$f(n)$ の方が大きいように見えるが，$f(n)$ も $g(n)$ もクラスは $O(n^2)$ である．つまり，この2つの関数は同じように増加していく．

次に，以下の2つの関数を考える．
$$f(n) = 10000000 n^{10000000} \ と\ g(n) = \frac{2^n}{10000000}$$

$f(n)$ の方が大きいように見えるが，$f(n)$ のクラスは $O(n^{10000000})$ で，$g(n)$ のクラスは $O(2^n)$ である．指数関数は，第2章で述べたように，どんな多項式関数よりも速く増加するので，$\frac{f(n)}{g(n)}$ の値は，n が大きくなると，0に収束する．

オーダの要素同士での，速く増加する度合いを，不等号<で表すなら，主な関数について，次のようになる．
$$O(1) < O(\log n) < O(n) < O(n \log n) < O(n^2) < O(n^3) < \cdots < O(2^n) < O(10^n) < O(n!) < \cdots$$

2. 曜日の計算

ここでは，年月日からその曜日を特定するアルゴリズムを例として計算量の評価を行う．現在使われているグレゴリオ暦は1582年10月15日から使われ始めた暦であるが，問題を簡単にするために，それ以前もグレゴリオ暦が使われたと仮定し，西暦1年1月1日以降の任意の年月日の曜日を求めることを考える．

（1） 基準日から計算する方法

　最初に，西暦1年1月1日の曜日を元に，曜日ずれを順に計算するアルゴリズムを考える．通常，1年は365＝7×52＋1日なので，1年経てば同じ月日の曜日は1つ先に進む．また，うるう年は366日なので，曜日が2つ先に進む．グレゴリオ暦のうるう年は年数が4で割り切れ，かつ100で割り切れない年であるが，例外として400で割り切れる年はうるう年とする．図9.4が西暦1年1月1日の曜日を基準に曜日を求めるアルゴリズムに基づいたプログラムとその実行例である．このプログラムでは，曜日を求めたい年を変数y，月をm，日をdに入力してもらう．また，曜日を，0が日曜，1が月曜，…，6が土曜と数値に割り当てることとする．まず，西暦1年1月1日が月曜日[4]（＝1）として，変数wに初期化する．西暦1年からy−1年まで順に，通常の年ならば1つ，うるう年であれば2つ曜日を進めることにより，y年1月1日の曜日を求めることができる．i年がうるう年かどうかは，「if（i%4==0 and i%100 !=0) or i%400==0：」[5]で判定し，1つ余分に曜日を進める．曜日の進め方は土曜日（＝6）の次が日曜日（＝0）に戻るようにしなければいけない．これは7の剰余を考えれば，(6+1)%7==0となるので，進める日数を加えていき，最終的に7の剰余をとれば0～6までの値で曜日を求めることができる．その後，1月からm−1月までの日数だけ曜日を進めることにより，m月1日の曜日を求める．各月の日数はリストNに入れておくことによって繰返しの処理でその日数だけ進めることが可能となる．なお，リストの添字は0から始まるので，i月の日数はN[i−1]となる．また，うるう年の3月以降の場合，2月が29日となるので，1日多く進めることにする．最後に，d−1日だけ曜日を進めれば，y年m月d日の曜日を求めることができる．結果

---

[4] 実際には暦が異なり月曜日ではないが，ここでは計算の規準として問題が単純となるように月曜日としている．
[5] 「and」の条件が先に判定されるので（ ）を付ける必要はないが，あいまいさをなくすために，ここでは（ ）を付けている．

はwを添字として曜日が表示できるよう，文字列のリストDayを用意する．

このアルゴリズムには繰返しが2か所あるが，月の日数を計算する部分は最大でも1〜11月の日数を加えていくだけなので，年によって曜日の進み方を計算する部分が主要な処理となる．ここで，求めたい年をnとすると，このアルゴリズムの計算量は$O(n)$となる．

```
N = [31, 28, 31, 30, 31, 30, 31, 31, 30, 31, 30, 31]
Day = ["日","月","火","水","木","金","土"]
y = int(input("年を入力してください: "))
m = int(input("月を入力してください: "))
d = int(input("日を入力してください: "))
w = 1
for i in range(1,y):
    w = w + 1
    if (i%4==0 and i%100!=0) or i%400==0:   # うるう年
        w = w + 1
for i in range(1,m):
    w =w + N[i-1]
if ((y%4==0 and y%100!=0) or y%400==0)and m>=3:
                                 # うるう年の3月以降
    w = w + 1
w = (w + d - 1) % 7
print(Day[w] + "曜日です")
```

```
年を入力してください: 2019 ↓   (入力)
月を入力してください: 4 ↓      (入力)
日を入力してください: 10 ↓     (入力)
水曜日です
```

図9.4 西暦1年1月1日を基準として曜日を求めるプログラム

（2）ツェラーの公式で計算する方法

曜日を計算する公式として**ツェラーの公式**（Zeller's congruence）が知られている．ツェラーの公式は，y 年 m 月 d 日の曜日（前節と同様，日曜＝0〜土曜＝6 とした数値）が，

$$\left(y + \left\lfloor \frac{y}{4} \right\rfloor - \left\lfloor \frac{y}{100} \right\rfloor + \left\lfloor \frac{y}{400} \right\rfloor + \left\lfloor \frac{13 \times m + 8}{5} \right\rfloor + d \right) \% 7$$

で求められるというものである．ただし，この公式では 1 月，2 月は前年の 13 月，14 月として計算を行う．たとえば，2020 年 2 月は，2019 年 14 月として計算する．$\lfloor \ \rfloor$（フロア，floor）は小数点以下を切り下げる記号であるが，Python では int 関数を使えばこの計算ができる．この公式は，まず年数 y が基本となる．これは，基準日の西暦 1 年 1 月 1 日が月曜日（＝1）なので，y 年 1 月 1 日の曜日が $1 + (y-1) = y$ という計算で求められるからである．また，うるう年は 4 で割り切れる年から 100 で割り切れる年を除き 400 で割り切れる年を加えたものであるので，$\left\lfloor \frac{y}{4} \right\rfloor - \left\lfloor \frac{y}{100} \right\rfloor + \left\lfloor \frac{y}{400} \right\rfloor$ の部分でうるう年の分が加算できる．1, 2 月を

表 9.1　月による曜日のずれの計算

m	(13*m+8)/5	((13*m+8)/5)%7	m−1 月までの日数	（日数−1)%7
3	9	2	59	2
4	12	5	90	5
5	14	0	120	0
6	17	3	151	3
7	19	5	181	5
8	22	1	212	1
9	25	4	243	4
10	27	6	273	6
11	30	2	304	2
12	32	4	334	4
13	35	0	365	0
14	38	3	396	3

前年の 13, 14 月とすることで, うるう年の翌年の 1, 2 月にうるう年分の曜日のずれが加算されるようになる. 表 9.1 に $\left\lfloor \dfrac{13 \times m + 8}{5} \right\rfloor$ の計算で求められる値を示す. 表を見ると, この式の 7 の剰余が「m−1 月までの日数−1」の 7 の剰余と一致していることがわかる. なお, 2 月を前年の 14 月として扱っているので, ここでもうるう年の例外を考える必要はない. ここまでで y 年 m−1 月末日の曜日が求まるので, 最後に日 (d) を加えれば曜日が計算できる.

図 9.5 がツェラーの公式を使って曜日を求めるプログラムである. 1, 2 月を前年の 13, 14 月とするため, m が 2 以下のときは, y を 1 減らし, m に 12 を加えている. その後, ツェラーの公式を用い, 曜日を計算しているが, 公式に当てはめるだけで, 繰返しの処理は必要なく, 年月日に関係なく計算量は一定である. このように, 問題の大きさに依存しないアルゴリズムを定数時間アルゴリズムとよび, $O(1)$ で表す.

```
Day = ["日","月","火","水","木","金","土"]
y = int(input("年を入力してください："))
m = int(input("月を入力してください："))
d = int(input("日を入力してください："))
if m <= 2:
    y = y - 1
    m = m + 12
w=(y+int(y/4)-int(y/100)+int(y/400)+int((13*m+8)/5)+d)%7
print(str(Day[w]) + "曜日です")
```

図 9.5　ツェラーの公式を使って曜日を求めるプログラム

3. 探索アルゴリズム

データなどの中から，目的とするものを見つけることを**探索（Search）**と呼ぶ．辞書から単語を探したり，顧客データから目的の情報を見つけ出したり，インターネット上に存在する膨大な数のWebページからキーワードを使ってページを検索するなど，探索は基本的かつ，重要なコンピュータの仕事である．ここでは，探索アルゴリズムとその計算量を見ていく．

| 871 | 640 | 982 | 32 | 365 | 57 | 349 | 143 | 296 | 106 | 661 | 249 | 431 | 918 | 110 | 759 |

図9.6 順序通りに並んでいないデータ

（1） 線形探索

まず，図9.6のように順序通りに並んでいないデータから目的の値（キー）と同じ値をもつものを探すことを考える．人間が探す場合には，全体をざっと見渡し，目的のものを見つけることが多いだろう．しかし，コンピュータでは「ざっと見渡す」というようなあいまいなことはできず，1度には2つの値を比較することしかできない．したがって，このようなデータで探索をするためには，図9.7のように順にデータと探している値を比較していくしかない．このような探索のアルゴリズムを**線形探索（liner search）**と呼ぶ．人間の場合でも，データ数が多い場合，もれなく探索をすることを考えると，線形探索と同様に全部のデータを順に見ていくことが合理的である．

図9.7 線形探索

```
Data = [871, 640, 982, 32, 365, 57, 349, 143,
        296, 106, 661, 249, 431, 918, 110, 759]
a = int(input("探す数を入力してください： "))
i = 1
for n in Data:
    if n == a:
        print(str(i) + "番目のデータで見つけました")
        break
    i = i + 1
if i > len(Data):
    print("見つかりませんでした")
```

> 探す数を入力してください： 57 ↓　　（入力）
> 6 番目のデータで見つけました

図 9.8　線形探索のプログラムと実行例

　図 9.8 は線形探索を行うプログラムとその実行例である．データはリスト Data の中に順におさめられている．「for n in Data：」では，リスト Data のデータが先頭から順に変数 n に入り，繰返してキー a と比較することによってデータを探すというアルゴリズムになっている．このプログラムは変数 i で何番目のデータを調べているかを管理し，目的とするデータを発見すれば，i を用いて何番目であったかを表示し，繰返しを抜ける「break」文により処理を終えるようになっている．したがって，同じ値を持つデータが複数あった場合は最初に見つかったもののみを表示する．また，繰返しが終わった後に i がリストの要素数 len(Data) より大きくなっていた，すなわちリストの最後まで調べても目的の値が見つからなかった場合は「見つかりませんでした」と表示するようにしている．

探索アルゴリズムにおいて問題の大きさはデータの数となる．また評価は繰返しの主たる処理であるデータとキーとの比較回数で行う．データの数を n としたとき，線形探索はキーが見つからないなど，最大（これを最悪の場合と呼ぶ）で，n 個すべてのデータと比較しなければアルゴリズムが終了しない．したがって，このアルゴリズムの計算量は $O(n)$ である．アルゴリズムの評価は，最悪ではなく，平均の場合を考えることもある．線形探索ではキーがデータに含まれているのならば，比較の回数は $\frac{1}{2}n$ 回が期待できる．しかし，オーダを考えた場合，係数は無視されるので，平均の場合も計算量は同じく $O(n)$ となる．

（2）2 分探索

線型探索は簡単ではあるが能率は悪い．しかし，データが図 9.9 のように順序よく一列に並んでいるのであれば，**2 分探索（binary search）** を使い，効率を良くすることができる．

| 32 | 57 | 106 | 110 | 143 | 249 | 296 | 349 | 365 | 431 | 640 | 661 | 759 | 871 | 918 | 982 |

図 9.9　順序よく並んだデータ

2 分探索の様子を図 9.10 に示す．このアルゴリズムは探索する範囲を前半と後半の 2 ブロックに分けて対象を絞り込んでいく．図 9.10 では探索の対象とするブロックの左端を left，右端を right で示す．データをリストで扱う場合，データの位置は添字で表すことができる．最初はすべてのデータが探索範囲なので，left は最初の添字である 0，right は最後の添字である 15 となる．また，そのブロックの中央の位置を mid で表す．ブロックのデータの個数は偶数のこともあるので，その場合は左寄りの位置を指すことにする．このとき mid は，left と right を加え

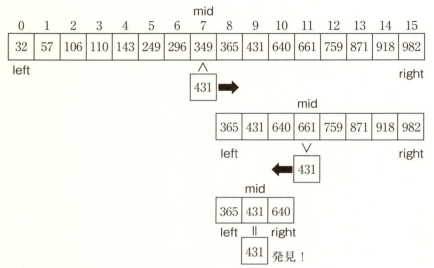

図 9.10　2 分探索

て 2 で割り，小数点以下は切り捨てることによって計算することができる．たとえば，最初の mid は $(0+15) \div 2 = 7.5$ なので，7 となる．この mid の位置で前半と後半のブロックに分割する．次の段階でどちらのブロックを選ぶかは，mid の位置にある値によって決める．まず，mid の位置にある値がキーの値と一致すれば，探索は終了である．そうでない場合，キーが mid の位置の値よりも小さければ前半のブロックを，大きければ後半のブロックを，それぞれ選ぶ．この際，前半のブロックを選ぶ場合は right を前半ブロックの最後の添字を指すように更新し，後半のブロックを選ぶ場合は left を後半ブロックの最初の添字を指すように更新する．そして次の段階では，大きさが半分であるどちらかのブロックに対して，また同じ手順を繰り返す．最悪の場合でもブロックの大きさが 1（最小単位）になった段階で探索は成功あるいは不成功とし

て終了する．

　図9.11は2分探索を行うプログラムである．rightの初期値はリストの最後の添字とするが，添字が0から始まるのでリストDataの要素数len（Data）から1減じたものとなる．whileを用いた繰返しの処理ではint（(left+right)/2）で計算される添字midにあるデータの値とキーを比較する．（このプログラムでは探索の過程を示すために，どのデータと比較したかを表示するようにしている．）一致すればそれが何番目（先頭を1番目とするので添字+1）のデータであるかを表示し，繰返し

```
Data = [32, 57, 106, 110, 143, 249, 296, 349,
        365, 431, 640, 661, 759, 871, 918, 982]
a = int(input("探す数を入力してください： "))
left = 0
right = len(Data)-1
while left <= right:
    mid = int((left+right) / 2)
    print("Data[" + str(mid) + "]を調べています")
    if Data[mid] == a:
        print(str(mid+1) + "番目のデータで見つけました")
        break
    elif a < Data[mid]:
        right = mid - 1
    else:                       # Data[mid] < a
        left = mid + 1
if left > right:
    print("見つかりませんでした")
```

```
探す数を入力してください： 431 ↓　（入力）
Data[7]を調べています
Data[11]を調べています
Data[9]を調べています
10番目で見つけました
```

図9.11　2分探索のプログラムと実行例

を終了する．a＜Data[mid] であれば探索範囲を前半部ブロックのみとするので，right を mid の左隣の mid－1 と更新する．それ以外ならば Data[mid]＜a であるので，後半部ブロックのみとし，left は分割の基準となる mid の右隣の mid＋1 と更新する．繰返しの処理は，mid の位置でキーの値が見つかった場合，もしくは，キーの値が見つからず，right が mid－1 となって減るか，left が mid＋1 となって増えることによって，left＞right となってしまった場合に終了することになる．繰り返しの後，left＞right となっていた場合は「見つかりませんでした」と表示するようにしている．

　2分探索では探索のブロックを分割して値を探す繰返しが主要な処理となる．1度の分割で探索ブロックを半分にすることができるので，データ数が n であれば，1度の分割で $\frac{n}{2}$，2度の分割で $\frac{n}{2^2}$，3度の分割で $\frac{n}{2^3}$ というようにブロックが小さくなっていく．最悪の場合でも，ブロックが1となれば探索は終了するので，繰返しの最大数 $\frac{n}{2^x}=1$ すなわち $2^x=n$ となる x となる．対数 $\log_a b$ は a を何乗すれば b になるかを示すものであるので，繰返しの最大数 x は $\log n$ で表される．以上から，2分探索の計算量は $O(\log n)$ となる．図9.3に示したように，$\log n$ は n に比べ増加率が小さく，2分探索は $n=1000$ で10回，$n=10000$ でも14回の分割で探索が終了する効率のよいアルゴリズムである．ただし，2分探索はデータが順序よく一列に並んでいる必要がある．この準備のために，データを並び替える必要があるので，その手間を考えなければいけない．データの並び替えのアルゴリズムについては次章で詳しく見ていく．

演習問題

9.1 以下はnを入力してもらい，2からnまでの数iが素数かどうかを判定し，素数であれば表示するプログラムである．iが素数であるかを調べるために，2からi−1までの数jで割り切れるかどうかを調べる．内側のforの繰返しでは，調べる前にpflagをTrue（真）とし，割り切れたらFalse（偽）とする．最終的にpflagがTrueのままであれば素数なのでiを表示している．このプログラムの計算量（オーダ）をもとめよ．

```
n = int(input("数を入力してください： "))
for i in range(2, n+1):
    pflag = True      # 素数であると仮定
    for j in range(2, i):
        if i%j == 0:  # 素数ではなかった
            pflag = False
    if pflag:         # pflagがTrueなら表示
        print(i)
```

9.2 9.1のプログラムはiが素数であるかを調べるために，2からi−1までの数で割り切れるかどうかを調べているが，その範囲の上限をi−1よりも小さくすることが可能である．どう減らすことができるかを示し，そのときの計算量（オーダ）をもとめよ．

9.3 図 9.5 を元に，以下のような出力を得ることができる万年カレンダープログラムを空所を補充し完成させよ．

```
年を入力してください：2020 ↓     （入力）
月を入力してください：2 ↓        （入力）
Sun Mon Tue Wed Thu Fri Sat
                          1
  2   3   4   5   6   7   8
  9  10  11  12  13  14  15
 16  17  18  19  20  21  22
 23  24  25  26  27  28  29
```

```
N = [31, 28, 31, 30, 31, 30, 31, 31, 30, 31, 30, 31]
Day = ["Sun", "Mon", "Tue", "Wed", "Thu", "Fri", "Sat"]
y = int(input("年を入力してください："))
m = int(input("月を入力してください："))
d = 1
if                                        :
                          # y年がうるう年ならば
    N[1] = N[1] + 1       # 2月の日数(N[1])に1加える
if m <= 2:
    y = y - 1
    m = m + 12
w = (y + int(y/4) - int(y/100) + int(y/400)
                        + int((13*m+8)/5)+d) % 7
for i in range(7):
    # iを0から6まで繰返して，曜日の項目の表示
    print(str(Day[i]) + " ", end="")
print("")                 # 改行を表示
for i in range(□):        # 1日までの空白を表示
    print("    ", end="")
```

```
m = ▢                      # 13,14 月を 1,2 月に戻す
for i in range(1, ▢ ):
    if ▢ :          # 1桁の場合，空白1つを先頭に表示
        print(" ", end="")
    print(" " + str(i) + " ", end="")   # 日の表示
    if ▢ :              # 土曜日ならば改行
        print("")
```

9.4 データが以下の図のように分類されている．この分類の法則を述べよ．また，このような分類ができた場合，どのようなデータの探索が可能かを述べよ．

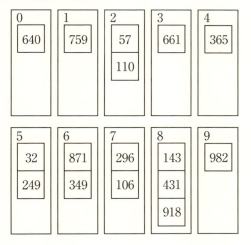

10 | さまざまなアルゴリズム

辰己 丈夫

《**目標&ポイント**》 並べ替え（ソート）は，多くのアルゴリズムの基本処理となり，コンピュータでのデータ処理において重要な役割を果たす．ここでは，複数のソートアルゴリズムを紹介し，それぞれの性質および，効率について説明する．
《**キーワード**》 ソート

1．データの整列

　コンピュータでデータを処理するとき，大量のデータから，必要となるデータを探す必要がある．この際には，データの検索が行われるのだが，検索対象となっているデータがあまりにも膨大だと，そのなかから検索対象を探し出すために，大量の手間（比較回数），時間を必要とする．

　例えば $d_1, d_2, ……, d_n$ の n 件のデータがあり，K というデータが，この中にあるかどうかを調べることとする．9.3 の線形探索で述べた通りこの際に，$d_i = K$ となる i が存在するかどうかを調べるには，最悪で n 回の比較が必要となる．そこで，9.3 の 2 分探索で述べた通りデータをあらかじめ整列しておけば，検索対象を探し出すことが，比較的楽になる．

　データを，一定の規則に従って並べることを，日本語では「整列」，英語では sorting（ソーティング）という．整列の際に利用される順序は，数値の大小，文字の順番（アルファベット順や，五十音順）である．数値の大小の場合は，金額や，学生証番号，品番，ISBN，日付，時間などで利用されることもある．

たとえば，五十音順で「あ」から始めて「ん」に向かうように，規則のもとの順序に従って整列をするときは，昇順と呼ぶ．一方で，「ん」から始めて「あ」に戻るときは，降順と呼ぶ．

コンピュータのCPUと呼ばれる部品は，データの全体を見て整列を行うことはできない．あくまでも，2つの数を比較することしかできない．ただし，その比較は非常に高速であり，また人間が行うよりも正確である．したがって，データを整列させるときのアルゴリズムは，私たち人間が素朴に考える方法に近いアルゴリズムだけでなく，コンピュータに適したアルゴリズムも存在し，そのほうが，高速に動作することがわかっている．

本章では，最初は人間にわかりやすいアルゴリズムから説明を始める．

最初に，整列されていないデータが与えられている．これらのデータを，小さいものから左から右に並べる，という整列を行う．

2. バブルソート

隣り合うデータの中で，左より右が小さいときは，それらのデータと位置を交換する．これを，右から左まで行うと，まず，最も小さいデータが一番左にたどり着く．次に，同じことを最も右から始めて左から2番目まで繰り返すと，2番目に小さいデータが左から2番目に移動する．このようにして，すべてのデータが昇順になるように整列させる．

バブルソートの過程の例を図10.1で示す．1行目が初期状態で，「左から★までの部分」が整列が終わったときの経過である．

★ [5, 6, 4, 1, 3, 2]
[1, ★ 5, 6, 4, 2, 3]
[1, 2, ★ 5, 6, 4, 3]
[1, 2, 3, ★ 5, 6, 4]
[1, 2, 3, 4, ★ 5, 6]
[1, 2, 3, 4, 5, ★ 6]

図10.1 バブルソート（1行目が初期状態，最終行が終了状態）

この，小さいデータの挙動が，コップに入った水の泡が上っていく（この場合は左に移動する）のように見えるので，このような整列方法をバブルソートと呼ぶ．このバブルソートのプログラムを Python で書いたものを，**プログラム 10.1** に示す．

プログラム 10.1　バブルソートによる整列プログラム

```
1   def bubbleSort(a):
2       n=len(a)
3       for s in range(0, n-1):
4           print(a)
5           for x in range(n-1, s, -1):
6               if a[x-1] > a[x]:
7                   tmp=a[x]
8                   a[x]=a[x-1]
9                   a[x-1]=tmp
10      return a
11
12  target = [5, 6, 4, 1, 3, 2]
13  bubbleSort(target)
14  print(target)
```

- 配列変数 `target` には，いくつかのデータが入力されている．
- 関数 `bubbleSort` は，配列を受け取って，その中身を昇順に整列して返す．
- 2 行目で n に配列の大きさを代入する．
- 3 行目の `for` により，4 行目から 9 行目までのブロックでは，現時点で整列する範囲の右端の場所 s を，$0, 1, \cdots, n-2$ まで変化させながら繰り返す．
- 4 行目でデータ全体を表示する．（経過を見るため）
- 5 行目の `for` により，6 行目から 9 行目までのブロックでは，変数

xを，$n-1, n-2, \cdots, s+1$ まで変化させながら繰り返す．
- 6行目から9行目は，a[x-1]>a[x] が成立しているときは，この2つの変数を入れ替える．

3. 選択ソート

先述したバブルソートは，配列の隣り合う要素に対して，値の大小関係の比較を行っていた．一方で，これから述べる選択ソートは，比較対象となるデータの片方は，比較範囲の端と固定してしまう．その固定したデータと，まだ整列されていないデータを1つずつ比較し，端の方が大きければ，変数の値を入れ替える．

図10.2は，選択ソートの過程が進んでいく途中の様子である．1行目が初期状態で，「左から★までの部分」が整列が終わったときの経過である．

★ [5, 6, 4, 1, 3, 2]
[1, ★ 6, 4, 5, 3, 2]
[1, 2, ★ 4, 5, 3, 6]
[1, 2, 3, ★ 5, 4, 6]
[1, 2, 3, 4, ★ 5, 6]
[1, 2, 3, 4, 5, ★ 6]

図10.2　選択ソート（1行目が初期状態，最終行が終了状態）

この選択ソートのプログラムを Python で書いたものを，**プログラム10.2**に示す．

プログラム 10.2　選択ソートによる整列プログラム

```
1   def selectionSort(a):
2       n=len(a)
3       for s in range(0, n-1):
4           print(a)
5           min_pos=s
6           for x in range(s+1, n):
7               if a[min_pos]>a[x]:
8                   min_pos=x
9           if a[s] > a[min_pos]:
10              tmp=a[s]
11              a[s]=a[min_pos]
12              a[min_pos]=tmp
13      return a
14
15  target = [5, 6, 4, 1, 3, 2]
16  selectionSort(target)
17  print(target)
```

- 配列変数 target には，いくつかのデータが入力されている．
- 関数 selectionSort は，配列を受け取って，その中身を昇順に整列して返す．
- 2 行目で n に配列の大きさを代入する．
- 3 行目の for により，4 行目から 12 行目までのブロックでは，現時点で整列する範囲の右端の場所 s を，$0, 1, \cdots, n-2$ まで変化させながら繰り返す．
- 4 行目でデータ全体を表示する．（経過を見るため）
- 6 行目の for により，7 行目から 8 行目までのブロックでは，変数 x を，$s+1, s+2, \cdots, n-1$ まで変化させながら繰り返す．
- 9 行目から 12 行目は，a[s]>a[min_pos] が成立しているときは，この 2 つの変数を入れ替える．

4. 挿入ソート

挿入ソートは，配列を左から右に，部分的に整列しながら，右に見つけた新しいデータを，左側に交換しながら挿入していくアルゴリズムである．

図 10.3 は，挿入ソートの過程が進んでいく途中の様子である．1 行目が初期状態で，「左から★までの部分」が整列が終わったときの経過である．

```
★ [5, 6, 4, 1, 3, 2]
[5, ★ 6, 4, 1, 3, 2]
[5, 6, ★ 4, 1, 3, 2]
[4, 5, 6, ★ 1, 3, 2]
[1, 4, 5, 6, ★ 3, 2]
[1, 3, 4, 5, 6, ★ 2]
[1, 2, 3, 4, 5, 6 ★]
```

図 10.3　挿入ソート（1 行目が初期状態，最終行が終了状態）

この挿入ソートのプログラムを Python で書いたものを，**プログラム 10.3** に示す．

プログラム 10.3　挿入ソートによる整列プログラム

```
1   def insertionSort(a):
2       n=len(a)
3       for s in range(1, n):
4           print(a)
5           for x in range(s, 0, -1):
6               if a[x-1] <= a[x]:
7                   break
8               else:
9                   tmp=a[x]
10                  a[x] = a[x-1]
11                  a[x-1]=tmp
12      return a
13
14  target = [5, 6, 4, 1, 3, 2]
15  insertionSort(target)
16  print(target)
```

- 配列変数 target には，いくつかのデータが入力されている．
- 関数 insertionSort は，配列を受け取って，その中身を昇順に整列して返す．
- 2 行目で n に配列の大きさを代入する．
- 3 行目の for により，4 行目から 11 行目までのブロックでは，現時点までに整列が終わった範囲の 1 つ右の場所 s を，$1, 2, \cdots, n-1$ まで変化させながら繰り返す．
- 4 行目でデータ全体を表示する．（経過を見るため）
- 5 行目の for により，6 行目から 11 行目までのブロックでは，変数 x を，$s, s-1, \cdots, 1$ まで変化させながら繰り返す．
- 6 行目で，もし，新たに見つけた要素が，それまでの適切な場所に入っているなら挿入を終了するが，そうでない場合は，8 行目から 11 行目を利用して右から左へと挿入していく．

5. マージソート

次の状況を考えてみる．
- 学校で，2つのクラスの人が，それぞれ五十音順に，それぞれ列を作ってグランドに並んでいる．
- 2つのクラス全員を，1つの列で五十音順に並べたい．

このとき，せっかく作っている列を崩す必要はない．それぞれの列の先頭の人同士を比較して，より先に入るべき人がもとの列を離脱して新しい列に加わればいい．

このように，すでに整列されている列を使って整列を行う方法を，マージ（合併）ソートという．

実際には，次のようにする．簡単のため，データは 2^m の形に書ける個数としておく．（実際は，そうでなくてもよい．）

- 最初は，整列が全くされてないデータが与えられる．
- まずは2個ずつを整列する．
    - $d[1] > d[2]$ なら，それぞれの値を交換する．
    - $d[3] > d[4]$ なら，それぞれの値を交換する．
    - $d[5] > d[6]$ なら，それぞれの値を交換する．

    これを続けて最後の $d[2^m-1]$，$d[2^m]$ まで整列させる．
- 次に，4個ずつを整列させる．
    - $d[1] < d[2]$ であり，$d[3] < d[4]$ であるから，$d[1]$ と，$d[3]$ を比較して，小さい方を $e[1]$ とする．仮に，$d[1]$ が小さいとする．そのときは，$d[2]$ と $d[3]$ を比較して，小さい方を $e[2]$ とする．このようにして，$d[1]$，$d[2]$，$d[3]$，$d[4]$ を整列して，$e[1]$，$e[2]$，$e[3]$，$e[4]$ とする．
    - 同じことを，「$d[5]$ から $d[8]$」「$d[9]$ から $d[12]$」…と続ける．

- 次に，8 個ずつを整列させる．
- 次に，16 個ずつを整列させる．…

図 10.4 は，マージソートの過程が進んでいく途中の様子である．

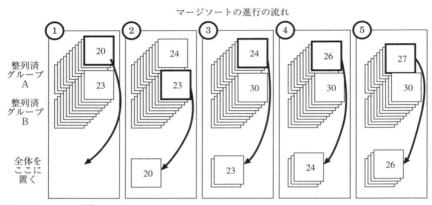

図 10.4　マージソート

6. 計算量の比較

ここでは，本章で，これまでに取り上げてきた整列法の計算量を考える．

（1）「総当たり整列法」の比較

バブルソート，選択ソート，挿入ソートは，いずれも，2 つの数のすべての組み合わせを確認（比較）する．したがって，総当たりで整列を行うアルゴリズムである，と言える．

以下，入力データは $n = \text{len}(a)$ 個のデータとする．

バブルソート

バブルソートの場合，p.164 のプログラム 10.1 の 6 行目が比較を行っている部分である．

- 3 行目の for により，4 行目から 9 行目は，$s = 0, 1, 2, \cdots, n-2$ が代入されて繰り返される．
  - 5 行目の for により，$x = n-1, n-2, \cdots, s+1$ なので，6 行目から 9 行目は，$(n-1) - (s+1) + 1 = n-s-1$ 回繰り返される．
- よって，6 行目の「比較」は，$(n-1) + (n-2) + \cdots + 1 = \dfrac{n(n-1)}{2}$ 回繰り返される．
- 故に，バブルソートの計算量のオーダーは $O(n^2)$ となる．

選択ソート

選択ソートの場合，p.166 のプログラム 10.2 の 7 行目が比較を行っている部分である．

- 3 行目の for により，4 行目から 12 行目は，$s = 0, 1, \cdots, n-2$ が代入されて繰り返される．
  - 6 行目の for により，$x = s+1, s+2, \cdots, n-1$ なので，7 行目から 8 行目は，$(n-1) - (s+1) + 1 = n-s-1$ 回繰り返される．
- よって，7 行目は，$(n-1) + (n-2) + \cdots + 1 = \dfrac{n(n-1)}{2}$ 回繰り返される．
- 故に，選択ソートの計算量のオーダーは $O(n^2)$ となる．

挿入ソート

挿入ソートの場合，p.168 のプログラム 10.3 の 6 行目が比較を行っている部分である．

- 3 行目の for により，4 行目から 11 行目は，$s = 1, 1, 2, \cdots, n-1$ が代入されて繰り返される．
  - 5 行目の for により，$x = s, s-1, s-2, \cdots, 1$ なので，6 行目から

11 行目は, s 回繰り返される. その中で比較を行う 6 行目は, 途中の break で行われないこともある.

- よって, 6 行目の「比較」は, 多くても, $1+2+\cdots+(n-1) = \dfrac{n(n-1)}{2}$ 回繰り返される.
- 故に, 挿入ソートの計算量のオーダーは $O(n^2)$ となる.

総当たり整列法の比較

バブルソートも, 選択ソートも, 挿入ソートも, すべての要素が他の要素と, 多くても 1 回比較される. したがって, 要素の個数を n とすると, 比較回数の上限は ${}_nC_2 = \dfrac{n(n-1)}{2}$ 回である, とも言える.

バブルソートと選択ソートの場合, 2 つの数のすべての組み合わせを確認 (比較) するこから, 最悪計算量も平均計算量も同じで, $O(n^2)$ となる. 挿入ソートの場合は, 最初に降順に整列されていたものを昇順に整列するときは, 比較が総当たり状況になることから, (最悪) 計算量は $O(n^2)$ となる.

一方で, 値の交換回数では, 異なる挙動を示す.

- バブルソートでは, 配列が最初から降順 (逆順) に整列されていた場合, 比較のたびに値が交換されるため, 値の交換は $\dfrac{n(n-1)}{2}$ 回行われる.
- 選択ソートでは, 配列が最初から降順 (逆順) に整列されていた場合, 値の交換は, s の値 1 つにつき 1 回しか発生しない (最大値をすぐに拾ってくるからである.) したがって, 値の交換は n 回ですむ.
- 挿入ソートでは, 配列が最初から降順 (逆順) に整列されていた場合, バブルソートと同じように値の比較と交換が発生する.

(2)「総当たり」でない整列法

マージソートは, 総当たりの比較が不要な整列法である. m_k を, $n = 2^k$

個の整列のときの最悪計算量（最大の比較回数）とする．
- 2個の整列は1回でできる．よって，$m_1 = 1$
- 2^{k-1}個の整列が，多くてもm_{k-1}回でできるなら，2^k個の整列は，多くても$2 \times m_{k-1} + 2^k - 1$回でできる．よって，
$$m_k = 2m_{k-1} + 2^k - 1$$

次のように変形する．
$$m_k + 2^k - 1 = 2m_{k-1} + 2^{k+1} - 2 = 2m_{k-1} + 2^k - 2 + 2^k$$
$$\frac{m_k + 2^k - 1}{2^k} = \frac{2(m_{k-1} + 2^{k-1} - 1) + 2^k}{2^k}$$
$$= \frac{m_{k-1} + 2^{k-1} - 1}{2^{k-1}} + 1$$

ここで，$u_k = \dfrac{m_k + 2^k - 1}{2^k}$とおくと，
$$u_k = u_{k-1} + 1$$
$$\text{よって} \ u_k = u_1 + (k-1) = k$$

となる．したがって，$2^k \cdot u_k = m_k + 2^k - 1$に代入すると，
$$2^k \cdot k = m_k + 2^k - 1$$
$$\text{よって} \ m_k = 2^k \cdot k - 2^k + 1$$

$n = 2^k$のとき，$k = \log_2 n$なので，
$$m_k = n \log_2 n - n + 1$$

したがって，マージソートの計算量のオーダーは，$O(n \log_2 n)$となる．

演習問題

10.1 具体的なデータを設定した上で，バブルソート，選択ソート，挿入ソート，マージソートの4種類のソートを行ってみよ．

10.2 マージソートのプログラムを作成し，動作を確認せよ．

10.3 バブルソート，選択ソート，挿入ソート，マージソート以外の整列アルゴリズムを調べ，それらの特徴を述べよ．

参考文献

Knuth, D.E., 廣瀬健訳『基本算法 I 基礎概念（原著 The Art of Computer Programing}）』（サイエンス社，1978 年）

Brian W Kernighan, 久野靖訳『ディジタル作法―カーニハン先生の「情報」教室―』（オーム社，2013 年）

奥村晴彦『C 言語による最新アルゴリズム事典』（技術評論社，1991 年）

11 | 集合と確率の計算

辰己　丈夫

《**目標&ポイント**》　数学における基本的な概念を整理する．まず，集合の定義，和集合，積集合などの計算について学ぶ．さらに，確率の計算を学ぶ．集合や確率の考え方を利用した問題解決やアルゴリズムについて触れる．
《**キーワード**》　モンティ・ホール問題，モンテカルロ法

1. 集合と類別

範囲のはっきりした数学的対象（object）の集まりを**集合**（set）という．それらの対象のことを集合の**元**とか**要素**（element）などという．大きく次の2つの書き方のどちらかを用いる．

表 11.1　集合の記法

外延的（extentional）	内包的（comprehensional, internal）
$S = \{1, 3, 5\}$	$S = \{x \mid x \geq 1\}$
$S = \{x, x^2, x^3, \cdots\}$	$S = \{(t, s) \mid t+s = 1\}$

（1）同じ集合

与えられた2つの集合 S, T について，$S = T$ であるとは，
「どの S の元 s も T の元であり，どの T の元 t も S の元である」
が成立していること，すなわち
$$\forall x (x \in S \Longleftrightarrow x \in T)$$
が成立していることとする．

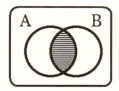 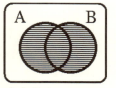

図 11.1　積集合 A ∩ B と和集合 A ∪ B

したがって，集合はどの種類の元を持っているかということだけが問題になり，同じ元を複数持っていても，1 つしか持っていなくても同じ集合と扱われる．たとえば，

$$\{1, 1, 2, 3, 4, 2\} = \{1, 2, 3, 4, 2\} = \{1, 2, 3, 4\}$$

となる．

真理集合

命題（条件）$P(x)$ が与えられたときに，「$P(x)$ を成立させるような x の集まり」を「命題 $P(x)$ の**真理集合**」という．すなわち，

$$\text{命題 } P(x) \text{ の真理集合は，} S = \{x \mid P(x)\}$$

となる．

積集合と和集合

2 つの集合 A, B がある．

- A と B の**和集合**を，次の式で定める．

$$A \cup B = \{x \mid x \in A \text{ あるいは } x \in B\}$$

- A と B の**積集合**を，次の式で定める．

$$A \cap B = \{x \mid x \in A \text{ かつ } x \in B\}$$

補集合と全体集合

集合 A がある．このとき，A に含まれない要素からなる集合を，「A の**補集合**」といい，$\overline{A}$ や，A^c で表す．

$$\overline{A} = \{x \mid x \notin A\}$$

補集合を考えるときは，そもそも，全体集合 U としてどのようなものを考えていたかを明確にしておく必要がある．例えば，「偶数の集合の補集合は，奇数の集合である」とするなら，そのとき**全体集合** U は「整数」であることが暗黙の前提であり，U を有理数と考えることはない．

2. 集合概念を利用した証明

ここでは，2つの有名な定理を，集合概念を利用して証明する．

(1) 中国人剰余定理

中国人剰余定理（Chinese Remainder Theorem）[1] とは，以下のものである．

> a, b は互いに素な整数であるとき，$ax+by=1$ を満たす整数 x, y が必ず存在する．

これは，以下のようにして証明でき，また，この条件に合う数を求める手順も，これでわかる．

> 1) $1-ak$ を b で割ったときの余りを r_k とする．（ただし，$0 \leq k < b$）すなわち，$r_k \equiv 1 - ak \pmod{b}$
> このとき，$r_0, r_1, \cdots, r_{b-1}$ はすべて異なり，全体として 0 から $b-1$ までのすべての整数となる．
> $$\{r_0, r_1, \cdots, r_{b-1}\} = \{0, 1, \cdots, b-1\}$$
> 2) 故に，$r_x = 0$ となる x を用いると，$1-ax$ は b で割り切れることから，$y = \dfrac{1-ax}{b}$ とすればよい．

実際に計算をしてみよう．

---

[1] 「中国式剰余定理」と呼ぶこともある．

例として，$11x-7y=1$ を満たす整数 x, y を求める．$7y=11x-1$ である．そこで，$r_k=((11k-1)$ を $b=7$ で割った余り$)$ とすると，次の計算ができる．

k	0	1	2	3	4	5	6
$11k-1$	-1	10	21	32	43	54	65
r_k	6	3	0	4	1	5	2

したがって，$k=2$ のとき，$r_k=0$ となる．よって，$x=2$ となり，$y=3$ とわかる．

上記，1), 2) の詳細な証明は以下のとおり．

1) 定義より $0 \leq r_k \leq b-1$ であるから，$r_0, r_1, \cdots, r_{b-1}$ がすべて異なることを示せば良い．そこで，$0 \leq k \leq k' \leq b-1$ に対して，
$$r_k = r_{k'} \Longrightarrow k = k'$$
を示せば，対偶をとって，
$$k \neq k' \Longrightarrow r_k \neq r_{k'}$$
を示したことになる．
$$1-ak \equiv r_k \pmod{b},$$
$$1-ak' \equiv r_{k'} \pmod{b}$$
であるから，
$$r_k = r_{k'} \Longleftrightarrow 1-ak \equiv 1-ak' \pmod{b}$$
$$\Longleftrightarrow ak' - ak \equiv 0 \pmod{b}$$
$$\Longleftrightarrow a(k'-k) \equiv 0 \pmod{b} \cdots (*)$$
となる．a と b は互いに素であるから，
$$(*) \Longleftrightarrow k'-k \equiv 0 \pmod{b} \text{ すなわち } k'-k \text{ は } b \text{ の倍数}$$
である．$0 \leq k \leq k' < b$ より $0 \leq k'-k < b$ であるので，$k'-k=0$ でなくてはならない．したがって，$k'=k$ である．

2) 1) より，$r_x=0$ となる x が存在するので，その x をとると

$$1 - ax \equiv 0 \pmod{b}$$

が成り立つ．このとき，

$$1 - ax = by$$

なる整数 y が存在する．

（2）（例2）フェルマーの小定理

フェルマーの小定理とは，以下のものである．

> p を素数とする．a は p で割り切れないとき，$a^{p-1} \equiv 1 \pmod{p}$ が成り立つ．

以下では，次のステップで，フェルマーの小定理を証明していく．

> 1) $0 \le k \le p-1$ なる k を用いて，ak を p で割ったときの余りを r_k とする．（ただし，$0 \le r_k < p$）このとき，$r_1, r_2, \cdots, r_{p-1}$ はすべて異なり，全体として 0 から $p-1$ までのすべての整数となる．
> 2) $a^{p-1}(p-1)!$ を p で割ったときの余りは，$(p-1)!$ を p で割ったときの余りに等しい．
> 3) a^{p-1} を p で割ったときの余りは，1 に等しい．

では，証明を見てみよう．

1) まず，剰余の定義より，$0 \le k \le p-1$ のとき，$0 \le r_k \le p-1$ が成り立つ．
   - いま，$k \le k'$ なる k, k' に対して，$r_{k'} = r_k$ であるとする．
     - このとき，$ak' - ak \equiv 0 \pmod{p}$ が成り立つ．
     - p は素数であり，a は p で割り切れないことから，$k' - k \equiv 0 \pmod{p}$ となる．
     - $0 \le k \le k' < p$ より $0 \le k' - k < p$ であるので，$k' - k = 0$,

すなわち $k' = k$ となる.
- よって, $r_{k'} = r_k \Longrightarrow k' = k$ であるから, $k' \neq k \Longrightarrow r_{k'} \neq r_k$ である. よって, $r_0, r_1, \cdots, r_{p-1}$ はすべて異なり, 全体として 0 から $p-1$ までのすべての整数となる. $\{r_0, r_1, \cdots, r_{p-1}\} = \{0, 1, \cdots, p-1\}$
- $k = 0$ のときは, 「$r_0 = (0 \text{ を } p \text{ で割った剰余})$」なので, $r_0 = 0$ である. よって, $1 \leq k \leq p-1$ のとき, $1 \leq r_k \leq p-1$ が成り立つ.
 $\{r_1, r_2, \cdots, r_{p-1}\} = \{1, 2, \cdots, (p-1)\}$
- 一方, $ak \equiv r_k \pmod{p}$ より,
 $a \times 2a \times 3a \times \cdots \times a(p-1) \equiv r_1 \times r_2 \times r_3 \times \cdots \times r_{p-1} \pmod{p}$
 が成り立つ.
- よって,
$$a^{p-1}(p-1)! \equiv r_1 \times r_2 \times r_3 \times \cdots \times r_{p-1} \pmod{p}$$
$$\equiv (p-1)! \pmod{p}$$
が成り立つ.

2) これまでに述べたことから,
$$a^{p-1}(p-1)! \equiv (p-1)! \pmod{p}$$
よって, $a^{p-1}(p-1)! - (p-1)! \equiv 0 \pmod{p}$
よって, $(a^{p-1} - 1)(p-1)! \equiv 0 \pmod{p}$
であるが, p は素数なので, $(p-1)!$ と p は互いに素である. よって,
$$(a^{p-1} - 1) \equiv 0 \pmod{p}$$
$$a^{p-1} \equiv 1 \pmod{p}$$
となる.

(3) 大きな数での剰余 (フェルマーの小定理の検算)

例えば, コンピュータの内部データでは, 23^{13} を計算することは簡単ではないが, 可能である. しかし, $23^{13} \% 10$ であれば, 比較的容易に,

計算できる．

　まず，$13 = (1101)_2$ と二進法で表現できることから，
$$23^{(1)_2} = 23^1$$
$$23^{(11)_2} = 23^3 = (23^1)^2 \times 23$$
$$23^{(110)_2} = 23^6 = (23^3)^2$$
$$23^{(1101)_2} = 23^{13} = (23^6)^2 \times 23$$
となる．

　なお，計算機の内部では，整数は二進法で取り扱われている．e が偶数のときの $\frac{e}{2}$ や，e が奇数のときの $\frac{e-1}{2}$ を求めるのは，一番右側のビット列を取り去るだけでよいので，上の計算は比較的楽であるが，筆算では簡単でない．しかし，ある数 n で割った余り（剰余）を求めるのなら，計算途中で n より大きな数が出てきたら，そのたびに n で割ればよいため，筆算で求めることも可能である．

　具体的には，「$13 = (1101)_2$ と二進法で表現できる」から，以下の通りにする．（以下，計算例．）
$$23^{(1)_2} \% 10 = 23^1 \% 10 = 3$$
$$23^{(11)_2} \% 10 = 23^3 \% 10 = (3^2 \times 23) \% 10 = 7$$
$$23^{(110)_2} \% 10 = 23^6 \% 10 = 7^2 \% 10 = 9$$
$$23^{(1101)_2} \% 10 = 23^{13} \% 10 = (9^2 \times 23) \% 10 = 3$$
よって，$23^{13} \% 10 = 3$ となる．

　このことを一般化すると，次のようになる．

$$x^e \% n = \begin{cases} 1 \quad (e \text{ が } 0 \text{ のとき}) \\ (x^{\frac{e}{2}} \% n)^2 \% n \\ \quad (e \text{ が } 0 \text{ より大きい偶数のとき}) \\ (((x^{\frac{e-1}{2}} \% n)^2 \% n) \times x) \% n \\ \quad (e \text{ が } 0 \text{ より大きい奇数のとき}) \end{cases}$$

プログラム例

例えば，Python 言語で x^e を n で割った余りを求める関数 powermod (x, e, n) を，プログラム内に記述した例を示す．

プログラム 11.1 x^e を n で割った余り

```
1   def powermod(x, e, n):
2       if e == 0:
3           return 1
4       elif e % 2 == 0 :
5           r=powermod(x, e/2, n)
6           return((r*r)%n)
7       else:
8           r=powermod(x, e/2, n)
9           return((r*r*x)%n)
10  
11  x=int(input('x='))
12  e=int(input('e='))
13  n=int(input('n='))
14  result=powermod(x, e, n)
15  print("result={0}".format(result))
```

3. 確率の考え方

（1）確率の意味

私たちは日常会話で確率という言葉を使っていくつかの意味を表す．

例えば，その事象がまだ起こっていない状態で，「起こり得る可能性があるかを数値的に表現したもの」を確率と呼ぶ．例えば，「精密にできたサイコロは，それを振る前に1が出る確率は $\frac{1}{6}$ である」という．このいい方は，数学で使う「確率」と同じである．

一方，日常語では，すでに事象が起こった後で計算することでわかる，「起こり得る可能性があるかを数値的に表現したもの」を「確率」とい

うことがある．例えば，野球選手の打率とは，その選手がシーズン開幕からその時までの打席までの安打数を，それまでの死球などを除いた打席数で割ったものである．それを「これまでの打席における安打確率」と呼ぶことがある．しかし，これは数学でいう「確率」とは異なる．

　統計学の用語では，すでに現れたデータをもとにして，その傾向を分析する，**記述統計学**という分野がある．後者の意味での確率とは，記述統計によって求められた傾向のことを指す．

確率変数

　起こっているか起こっていないかをはっきりと判定できることを，**事象**（event）という．事象を与える行為を**試行**（trial）という．「起こり得るすべてのことを合わせた事象」を，**全事象**という．事象として観測される現象の一般名を**確率変数**という．

　例えば，試行として「さいころを振る」をとると，「サイコロを振ると1が出る」は事象である．サイコロを振る場合の全事象は，

- 「サイコロを振ると1が出る」
- 「サイコロを振ると2が出る」
- 「サイコロを振ると3が出る」
- 「サイコロを振ると4が出る」
- 「サイコロを振ると5が出る」
- 「サイコロを振ると6が出る」

を合わせたものである．また，この試行の確率変数はサイコロの目である．これを X とすると，事象は $X=1, X=2, X=3, X=4, X=5, X=6$ となる．

確率の定義

　事象 e が起こる**確率**を $P(e)$ と書く．

　n 通りの事象があって，それらが同じように起こりやすいと想定され

る時,「同様に確からしい」という. このとき, 個々の事象の起こる確率を $\frac{1}{n}$ と定める.

例えば, サイコロを振る場合の事象
- 「サイコロを振ると 1 が出る」
- 「サイコロを振ると 2 が出る」
- 「サイコロを振ると 3 が出る」
- 「サイコロを振ると 4 が出る」
- 「サイコロを振ると 5 が出る」
- 「サイコロを振ると 6 が出る」

が, どれも「同様に確からしい」とするならば, これらの起こる確率はそれぞれ $\frac{1}{6}$ である.

次の式が成立する.
$$P(サイコロを振ると 1 が出る) = P(X=1) = \frac{1}{6}$$
ただし, 確率変数 X は, サイコロの目のことである.

積事象

複数種類の全事象の組合せからできる事象を, **積事象**という.

例えば, サイコロを振る場合の事象
- 「サイコロを振ると 1 が出る」
- 「サイコロを振ると 2 が出る」
- 「サイコロを振ると 3 が出る」
- 「サイコロを振ると 4 が出る」
- 「サイコロを振ると 5 が出る」
- 「サイコロを振ると 6 が出る」

とコインを置く場合の事象
- 「コインの表が上になる」
- 「コインの裏が上になる」

の組合せは，6×2＝12通り存在する．この12通りの事象が積事象となる．

それぞれの全事象の起こり易さに依存関係が無い場合は，各試行について積事象のそれぞれの起こり易さは，それぞれの事象の確率の積になる．このとき，これらの試行は**独立**であるという．

例えば，サイコロとコインを置く場合の積事象の確率は，$\frac{1}{6} \times \frac{1}{2} = \frac{1}{12}$ である．

（2）原因の確率

次の問題を考える．

> ある事件 K において，証人 A と B は，その事件が起こったといい，証人 C は起こらなかったと述べた．
> 事件 K の起こる確率は（証言によらず）$\frac{1}{2}$ であるとして，いま，証人 A, B, C が真実を述べる確率がそれぞれ $\frac{4}{5}, \frac{5}{7}, \frac{8}{9}$ であるならば，事件 K が実際に起こっている確率はどれほどか．

簡単な実験で考えてみよう．その観測が，630 回行われたとする．そのうち，315 回は本当に起こり，315 回は起こらなかった．

起こった 315 回の観測に対して，20 回が題意の証言になる．起こらなかった 315 回の観測に対して，16 回が題意の証言になる．

ということは，630 回の観測のうち，題意の証言が得られるのが 36 回，そのうち，本当に起こっていたのが 20 回，起こっていなかったのが 16 回になる．したがって，本当に起こっていたのは $\frac{20}{36} = \frac{5}{9}$ である．

（3）条件つき確率

それぞれの全事象の起こり易さに依存関係がある場合は，積事象のそれぞれの起こり易さは，それぞれの事象の確率の積ではなく，各事象の

依存関係で決まる．

例えば，「宝くじに当たるかどうか」によって「高級自動車を買うかどうか」の確率は変化する．

モンティー・ホール問題

条件付き確率を使った，興味深い問題として，「モンティー・ホール問題」と呼ばれる問題がある．

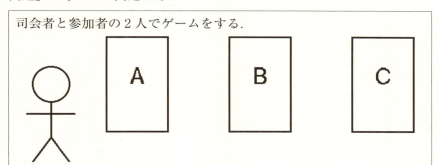

司会者と参加者の2人でゲームをする．

3つの閉じたドアが登場する．どれか1つのドアの向こうには，宝物がある．残り2つのドアの向こうは空である．参加者は，1回だけドアを開けて宝物を当てることが目的である．

1) まず，参加者が，1つのドアを指定する．（この時点では開けない．）

2) どのドアが当たりかを知っている司会者は，残りの2つのドアのうち，1つのドアを開けて，空であることを見せてくれる．

3) ここで，参加者は，指定を変えることができる．

さて，参加者は，より高い確率で宝物を得るためには，最初に指定した箱のままにしておくほうがよいか，指定を変えるべきか．

解説

宝物を得る確率が高いのは，「指定を変えるべき」である．
- 指定を変えない方針の場合の確率を p_1 とする．
  ◦ 参加者がそれと知らずに，最初に当たりを選ぶ確率は $\frac{1}{3}$

＊このとき，宝物を得る確率は 1
　○参加者がそれと知らずに，最初にハズレを選ぶ確率は $\frac{2}{3}$
　　　＊このとき，宝物を得る確率は 0
よって，条件付き確率の考え方から，以下の式が成り立つ．

$$p_1 = \frac{1}{3} \times 1 + \frac{2}{3} \times 0 = \frac{1}{3}$$

● 指定を変える方針の場合の確率を p_2 とする．
　○参加者がそれと知らずに，最初に当たりを選ぶ確率は $\frac{1}{3}$
　　　＊このとき，宝物を得る確率は 0
　○参加者がそれと知らずに，最初にハズレを選ぶ確率は $\frac{2}{3}$
　　　＊このとき，宝物を得る確率は 1
よって，条件付き確率の考え方から，以下の式が成り立つ．

$$p_2 = \frac{1}{3} \times 0 + \frac{2}{3} \times 1 = \frac{2}{3}$$

よって，$p_1 < p_2$ が成り立つ．

（4）確率を利用した計算（モンテカルロ法）

　確率を利用した計算の1つに，**モンテカルロ法**と呼ばれる方法がある．これは，本来なら式変形などを通して解析的に解決すべき問題を，確率を利用して近似値を求めたり，確率を利用して手順の改善を行ったりする方法である．

　コンピュータが普及する以前は，例えば，円周率の近似値を求めるために，「buffon の針」と呼ばれる方法が考えられていた．

● 大きな紙に，一定間隔 l で平行線を何本も引く．
● その上に，長さ t の針を，合計 n 本，上から落とす．ただし，$t < l$ とする．

- 平行線と針が交差した本数を p とする．
- このとき，$\dfrac{2tn}{lp}$ は，円周率 π に近い値になる．

モンテカルロ法は，「buffon の針」の方法を，コンピュータを用いて計算で行うために考案された．

例えば，ある立体を作るとき，表面を数式で記述する．この立体の体積 V を，数式を利用して計算するのは簡単ではない．しかし，立体を含む体積 U の箱（立体が入る直方体）を取り，この箱の中に乱数を使って n 個の点を作り出し，立体の中にある点の個数 i を数えると，$\dfrac{i}{n}$ は $\dfrac{V}{U}$ に近づくはずである．よって，$V = \dfrac{i}{n} U$ を近似値として求めることができる．

4．期待値の計算

1つの試行に対して各事象に数値が割り当てられている場合，数値と確率の積を全事象について加えたものを，**期待値**（あるいは**平均**）という．特に，確率変数 X の期待値を，$E(X)$ と書くことがある．

例えば，サイコロを振る場合，出た目を数値として考えるならば，目 X の期待値は，
$$E(X) = 1 \times \frac{1}{6} + 2 \times \frac{1}{6} + 3 \times \frac{1}{6} + 4 \times \frac{1}{6} + 5 \times \frac{1}{6} + 6 \times \frac{1}{6} = \frac{7}{2}$$
となる．

演習問題

11.1 3枚のコインがある．このコインを机の上に投げて，それぞれについて表が出るか裏が出るかを調べる．3枚のコインが異なる場合，3枚のコインに区別がつかない場合のそれぞれについて求めよ．
(a) 起こり得る事象は何通りか．
(b) それぞれの試行について，「表が出る」「裏が出る」が同様に確からしいとする．この時，起こり得る事象それぞれの確率を求めよ．
(c) 表が出る枚数の平均を求めよ．

11.2 5回に1回の割合で傘を忘れてしまうXさんが，A, B, C の3つの教室で授業を受けて大学から出た所で，傘を3つの教室のどこかに忘れたことに気がついた．それぞれの教室に置き忘れた確率を求めよ．

11.3 紙とコンパス，ペン，および米粒（あるいはゴマ粒）を利用して，円周率の近似値を求める方法を考えよ．また，実際に，その方法で円周率の近似値を求めよ．

11.4　ある宝くじの当選金は，以下のようであった．

種類	当選本数	当選金額
1等	6本	100,000,000
組違い	594本	100,000
2等	10本	10,000,000
3等	100本	1,000,000
4等	4,000本	100,000
5等	10,000本	10,000
6等	100,000本	5,000
7等	1,000,000本	500

なお，当選本数は「10,000,000本に含まれる当たり本数」である．
当選金額は「1つの当たりについての当選金額」である．
この宝くじの当選金の期待値を計算せよ．

参考文献

Brian W Kernighan, 久野 靖訳『ディジタル作法―カーニハン先生の「情報」教室―』(オーム社, 2013年)

12 | データと計算

高岡　詠子

《目標＆ポイント》　多くのデータが存在する現在，データ全体をどのように計算するか，それをどのように特徴づけるかという理論も進化してきている．ここでは，情報をどう計算するかを定義した，シャノンによる情報量の定義と計算方法や，データを計算対象とする統計的な計算の基本について説明する．
《キーワード》　平均，分散，標準偏差，正規分布，情報エントロピー，圧縮限界

1. 情報を定義する

　情報とは何か？ 1979 年発行第 3 版国語辞典では，第 3 番目に，
　　「データ」が表現の形の面を言うのに対し，内容面を言うことが多い
という記述がある．データを計算対象とする統計的な計算と対照的に，情報を計算対象とする場合どのように計算を行うのだろうか．1948 年に，クロード・シャノンによって，内容面である個々の情報が持つ大きさが「情報量」として定義された．シャノンは，情報の意味には関心を向けず，事象として文字列を見ることで，これを情報量として定義した．情報の大きさは，情報を受ける側の情報の価値と考えてよい．「これから得られる情報に価値がある」とは，その情報が現在未知であることを示す．未知である情報を得られれば，それだけ考えることが少なくて済む．つまり，情報を計算対象とする場合，未知情報を 1 つ得ることによって，

計算の手順が1つ進んだと考えれば良いだろう.

例えば，1〜4の数の中で数当てゲームを行う計算を考える．どの数も同じ確率で出現するものとする．このゲームは，1つの質問に「はい」か「いいえ」でしか答えられないものとする．解答者は何回で当てることができるだろうか．適当な数を言って最初に当たることもあろう．解答が4であった場合，1ですか？いいえ，2ですか？いいえ，3ですか？いいえ．の段階で残りが4であることがわかるので3回の質問が必要だろうか？ここで問いたいのは，必ず正解をもたらすためには最低何回の質問が必要かという問いである．答えは2回．最初の質問で，2以下かどうかを確かめる．「はい」であれば，2か1かであるから，1ですか？という質問をする．この時の解答が「はい」であれば答えは1.「いいえ」であれば答えは2になる．同様に，1〜8であればどうだろうか．図12.1のように考えてみる．質問は3回で済む．1回の質問で対象となる事象は2つなので，2回では4つ，3回では8つ，つまりn回で2^nつの事象が対象になる．

言い換えると，$\frac{1}{2^n}$の確率で出現する2^n個の事象の中で1つの事象を

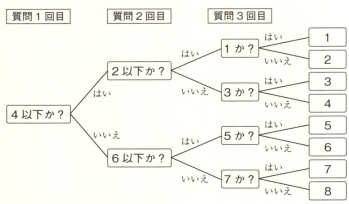

図12.1　1〜8の数当てゲーム

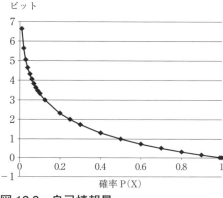

図 12.2　自己情報量

確定するための質問の回数は n 回であるということである．これを一般化して，ある事柄 X が起こる確率を P(X) としたとき，これが与える情報量 H(X) を

$$H(X) = \log_2 \frac{1}{P(X)} = -\log_2 P(X)$$

（ビット）と表した．これを正しくは**自己情報量**と定義する．その情報を伝えるために $-\log_2 P(X)$ ビット必要であるということを示す．自己情報量は図 12.2 に示す通り，出現確率（横軸）が小さいほど大きくなる．確率が 0.5 である場合，例えば表と裏が出る確率が等しいコインを投げて表が出ることを考えると，この情報の情報量は 1 である．表か裏かを伝えるためには表を 1，裏を 0 とすれば，1 ビットで表せる．情報量とは，情報を受ける側にとっての情報の価値であるから，出現確率が小さい事象に関することがらを受け取った時の価値が大きいことを示す．例えば，冬に「明日は雪」と言われても確率的には大きく，準備ができているので，それほど価値のある情報とはいえないだろうが，6 月に「明日は雪」と言われた場合，起こる確率は 0 に近いと考えられ，それなりの準備ができることになり価値がある情報と言えるだろう．起こる確率が 0 に近いということは，グラフから 7 ビットほど必要であることがわかる．

2. 情報の価値

　自己情報量は，個々の情報の価値を定義したものである．では，例えば数当てゲーム自体の情報量はどう表すだろうか．これを定義したものが平均情報量，**情報エントロピー**である．それぞれの情報量の平均値である．1～4の数が等確率つまり$\frac{1}{4}$の確率で出現する場合には，数当てゲーム自体の情報量は自己情報量の2ビットと同じである．しかし，等確率でない場合はそうはならない．

　一般に「互いに排反な（同時には起こらない）M個の事象 $a_1, a_2, a_3,$ ………, a_M」が確率 $p_1, p_2, \cdots, p_M$ で出現するとき，平均情報量は以下の式で与えられる．

$$H(X) = -\sum_{i=1}^{M} p_i \log_2 p_i \quad \text{（ビット）}$$

1～4の数の出現確率が4：2：1：1の場合を考えてみよう．それぞれの確率は$\frac{4}{8}=\frac{1}{2}$，$\frac{2}{8}=\frac{1}{4}$，$\frac{1}{8}$，$\frac{1}{8}$となるので，各々の情報量の和を計算すれば，

$$\frac{1}{2} \times (-\log_2 \frac{1}{2}) + \frac{1}{4} \times (-\log_2 \frac{1}{4}) + \frac{1}{8} \times (-\log_2 \frac{1}{8}) + \frac{1}{8} \times (-\log_2 \frac{1}{8})$$
$$= 1.75 \quad \text{（ビット）}$$

となる．出現確率が等確率であるときのほうが，そうでないときより情報エントロピーの値は大きい．情報エントロピー $H(X)$ が最大になるのは，等確率の場合である．事象の数を M とすれば $H(X) \leq \log_2 M$ である．

　情報エントロピーは，ネットワークなどの通信路における通信速度を決めるために使われる重要な概念である．

通信路に情報を送り出すときに正確で高速に伝えるために，シャノンは情報エントロピーを用いて，圧縮の限界や通信路へ送信するデータの誤り率をなるべく減らすことを考えた．これらは，シャノンの**情報源符号化定理**，**通信路符号化定理**と呼ばれる．このうち，圧縮の限界を示している情報源符号化定理について述べる．

3. 情報源符号化定理

情報の入っている限定された世界を**情報源**と呼ぶ．情報エントロピーは，情報源固有の価値を評価するための尺度でもある．その情報源を圧縮する限界を示した定理である．

（1）データ圧縮

データ圧縮には，可逆圧縮と非可逆圧縮がある．圧縮したデータを復元した時に完全に元に戻すことができる手法が可逆圧縮であり，完全には元に戻らない手法が非可逆圧縮である．例えば，圧縮していないデータには画像で言えば BMP, TIFF ファイルなどがある．可逆圧縮手法を使った画像ファイルとして GIF, PNG, PDF などがある．非可逆圧縮手法を使った画像ファイルには JPG などがある．非可逆圧縮を採用するのは，主に，動画，音声など，人間の目や耳には違いがわからないようなデータを圧縮する時である．非可逆圧縮は可逆圧縮に比べ，データを間引きすることができるので圧縮率はかなり高くなる．可逆圧縮を使えば，画質が保たれるが，圧縮率は低くなる．

情報源符号化定理は，可逆圧縮の限度を示したものであるのでここでは可逆圧縮のみを考える．

（2）符号化

　ある情報を送りたい場合に，記号を，0と1の並びで表したり，モールス信号のような体系で表したりすることを符号化と言う．符号というのは，1つの記号を表す別の表現のことである．

　表 12.1 は符号化のパターンを表している．パターン1で言えば記号Dが00という符号になる．

　ACBDという記号列をそれぞれのパターンで符号化すると，パターン1は11011000という符号（語）の列になる．可逆圧縮に必要なことは一意復号可能であり瞬時復号できるということである．表 12.1 に示す符号化方式が一意復号可能か，瞬時復号可能か考える．パターン1で11011000を復号すると，最初の1を読んだ時はA, Bの2つの可能性があるが，次の1を読んでAを復号できる．同様に，01を読んでCを復号，同様にB, Dと確定できる．一回読んだだけで判別できるので瞬時復号可能であり，同時に一意復号可能である．パターン2で符号化すると 0 011 01 110 である．復号すると，最初の0を読んだ時点ではA, B, C3つの可能性がある．次の0を読んだ時点で00であるので，第1記号がBやCである事はないということがここでわかり，最初の符号0がAであるとわかる．第2文字目も0であるのでここでまたA, B, C3つの可能性がある．第3文字目が1であるのでここでBかCに絞られる．ACと続くかと思いきや，第3文字から第5文字は110であるので，元に戻って 0 0 110 という可能性も否定できない．つまり，AADという可能性もある．しかし，次が1110という並びであることを考えると最

表 12.1　符号化のパターン

記号	パターン1	パターン2	パターン3
A	11	0	0
B	10	01	1
C	01	011	10
D	00	110	11

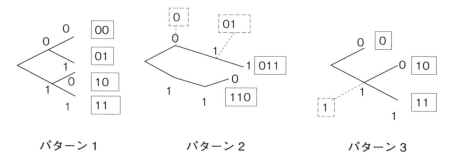

図 12.3　符号化のパターンごとのツリー構造

後の 110 は D でしかありえない．では第 6 文字の 1 が浮いてしまう．従って，やはり 0 011 01 110 = ACBD ということがやっとわかる．このパターンは一意復号可能であるが，瞬時復号不可能である．パターン 3 は，010111 となる．復号時には第 1 文字目は A とわかるが，次の 101 は 1 + 0 + 1 つまり BAB とも考えられるし，10 + 1 つまり CB とも考えられる．最後の 11 にしても BB なのか D なのか特定できない．これでは一意復号にならない．

（3）瞬時復号の条件

瞬時復号可能であるような符号を瞬時符号という．瞬時符号であるためには，ある符号が別の符号の頭に一致していないという条件を満たす必要がある．図 12.3 に示すようなツリーを書くと，パターン 1 は符号がすべてツリーの葉であれば他の符号の頭には一致しないがパターン 2，3 はその条件を満たしていないことがわかる．

(4) 平均符号長

情報源符号化定理は情報源から出る記号1個あたりの平均符号長をどこまで短くできるかという限界を示している．記号を0と1の組み合わせで表現する場合，その組み合わせを符号といい，個々の記号に符号を対応づける操作を符号化という．それぞれの符号を構成する0と1の総数が符号長になる．例えばパターン1ではA, B, C, Dをそれぞれ11, 10, 01, 00と符号化した．符号長は全て2ビットとなる．平均符号長は，それぞれの記号の生起確率によって異なる．まず，等確率で起こる場合，平均符号長は各事象に割り当てられた符号長にそれぞれの事象の生起確率を掛け合わせたものの和で表される．この場合は，$2 \times \frac{1}{4} \times 4 = 2$ ビットとなる．

さて，パターン1の情報エントロピーはいくつだろうか？計算してみると$\frac{1}{4} \times (-\log_2 \frac{1}{4}) \times 4 = 2$ビットとなる．平均符号長が情報エントロピーと等しくなっていることに注意してほしい．次にパターン2で考える．出現確率が等確率であると，平均符号長は

$$1 \times \frac{1}{4} + 2 \times \frac{1}{4} + 3 \times \frac{1}{4} + 3 \times \frac{1}{4} = 2.25 \text{ビット}$$

である．出現確率が等確率である場合，各記号に等しい長さの符号を割り当てる（等長符号化）と，平均符号長はその情報源の情報エントロピーと等しくなる（パターン1）が，復号可能な不等長（符号化された符号の長さがすべて等しいわけではない）符号を割り当てると平均符号長はその情報源の情報エントロピー以上の値になってしまう（パターン2）．

では，パターン1で，4つの事象がそれぞれ異なる確率で起こる場合を考える．A, B, C, Dが4:2:1:1の確率で起こるとすれば確率はそれぞれ$A = \frac{1}{2}$, $B = \frac{1}{4}$, $C = \frac{1}{8}$, $D = \frac{1}{8}$であり，この場合の情報エント

ロピーは $\frac{1}{2} \times (-\log_2 \frac{1}{2}) + \frac{1}{4} \times (-\log_2 \frac{1}{4}) + \frac{1}{8} \times (-\log_2 \frac{1}{8}) + \frac{1}{8} \times (-\log_2 \frac{1}{8}) = 1.75$ ビット
である．平均符号長は

$$2 \times \frac{1}{2} + 2 \times \frac{1}{4} + 2 \times \frac{1}{8} + 2 \times \frac{1}{8} = 2 \text{ ビット}$$

となり情報エントロピーより大きくなった．

　不等確率の場合に平均符号長が情報エントロピーと同じになることはないのだろうか？ここで，出現確率が低い事象に長い符号長の符号，出現確率が高い事象に短い符号長の符号を割り当ててみる．例えば，出現確率の最も高い A を 0，次に確率の高い B を 10，残りの 2 つを 110 と 111 に割り当てよう．すると，平均符号長は

$$1 \times \frac{1}{2} + 2 \times \frac{1}{4} + 3 \times \frac{1}{8} + 3 \times \frac{1}{8} = 1.75 \text{ ビット}$$

となり，情報エントロピーと同じになった．

(5) 情報源符号化定理

　ある特定の情報源について，瞬時復号可能ないかなる符号の平均符号長も，その情報源のエントロピーより小さくはならないことをシャノンは数学的に証明した．これが「情報源符号化定理」の本質であり，圧縮の限界を表しているのである．出現確率の大きな記号に短いビット列を割り当てる手法にはシャノン・ファノの符号化法，ハフマンの符号化法などがあるがここでは扱わない．興味のある方は参考文献を参照されたい．

4. 統計的計算の基本

データの分析を行う時にはデータがどのような特性を持っているかを知り，特性に合った分析手法を使うことが望ましい．データの特性を知るための基本的な手法を学ぶ．

（1）度数分布

表 12.2 は 100 人分の数学のテストの結果を 10 点ごとの区間に分けて整理したものである．このような区間を**階級**といい，各階級に含まれるデータの値の数を**度数**，各階級の平均をその階級の**階級値**，区間の端の2 点の差を階級の幅という．各階級に度数を対応させたものを**度数分布**という．度数分布を表したグラフの1つにヒストグラムがある．表のデータをヒストグラムで表すと図 12.4 のようになる．

表 12.2　度数分布表

点数の階級 点以上～点以下	度数
0 ～ 10	1
11 ～ 20	6
21 ～ 30	7
31 ～ 40	16
41 ～ 50	24
51 ～ 60	23
61 ～ 70	12
71 ～ 80	8
81 ～ 90	2
91 ～ 100	1
計	100

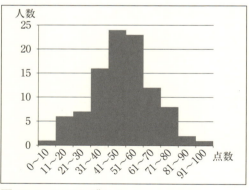

図 12.4　ヒストグラム

（2）データの代表値

データの特徴を表す数値を代表値といい，平均値，中央値，最頻値などがある．

平均値…n 個のデータを $x_1, x_2, \cdots, x_n$ と表した時，これらの総和を n で割った値をデータの平均値という．例えば 10 個のデータを持つデータセット A を考える．

データセット A

| 99 | 35 | 93 | 83 | 67 | 21 | 41 | 98 | 31 | 71 |

データセット A の平均値は

$$\frac{99+35+\cdots+71}{10} = 63.9$$

となる．データの分布をヒストグラムで表した時にはその重心が平均値となる．データの中に極端に外れている値（外れ値）がある場合，平均値はデータの真ん中から少しずれることになる．例えば，データが以下のようになっていた場合の平均値は 55.7 点になる．1 桁の点が 3 名もいることにより，平均値が下がったことがわかる．

| 99 | 2 | 93 | 83 | 67 | 1 | 41 | 98 | 2 | 71 |

中央値…データの値を小さい順に並べた時，中央の順位にある数値を中央値，またはメジアンという．データの個数が $2n$ 個つまり偶数であった時には，第 n 番目と第 $n+1$ 番目の数値の平均値を中央値とする．データセット A の中央値を求めるには，次のように小さい順に並び替え，5 番目と 6 番目の平均値 $\frac{67+71}{2} = 69$ が中央値となる．最小の 3 つの値が 1 桁になっても中央値の値は変わらないことがわかる．中央値は外れ値があってもほとんどそれには影響されないのである．

| 21 | 31 | 35 | 41 | 67 | 71 | 83 | 93 | 98 | 99 |

最頻値…データの中で最も頻度が高い値を最頻値(モード)という．データセット A には同じ値がないので最頻値を求めることはできない．サンプル数が少ない場合には最頻値を求めることにあまり意味はない．ある程度の数があるデータを度数分布表にした上で度数が最も多い階級の階級値を最頻値と考える．

平均値，中央値，最頻値の関係でデータの特性を知ることができる．データの数が大きければデータの分布は単峰形になることが多く，分布の偏りによりこの 3 つの値には図 12.5 のような関係が生じる．次節で取り上げる正規分布では 3 つの代表値が同じになるという性質を持っている．

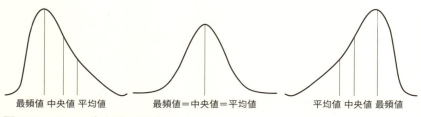

図 12.5　3 つの代表値の関連

5. データの散らばり具合

平均値がわかると，データの個々の値との差をとることによってデータの散らばり具合を知ることができる．データの個々の値を $x_1, x_2, \cdots, x_n$，その平均値を $\bar{x}$ とすると $x_1-\bar{x}, x_2-\bar{x}, \cdots, x_n-\bar{x}$ をそれぞれの値の偏差といい，偏差を 2 乗した値は，0 以上となり，平均値との差が大きければこの値も大きくなる．偏差を 2 乗した値の平均値を**分散**といい，以下の式で表される．

$$\frac{1}{n}\{(x_1-\overline{x})^2+(x_2-\overline{x})^2+(x_3-\overline{x})^2+\cdots+(x_n-\overline{x})^2\}$$

データセット A の分散は，
$$\frac{1}{10}\{(99-63.9)^2+(35-63.9)^2+(93-63.9)^2+\cdots+(71-63.9)^2\}\fallingdotseq 749.9$$
となる．分散は個々のデータの偏差を 2 乗しているため，元のデータの単位と異なる．元のデータと揃えるために分散の正の平方根を取り，

$$\sqrt{\frac{1}{n}\{(x_1-\overline{x})^2+(x_2-\overline{x})^2+(x_3-\overline{x})^2+\cdots+(x_n-\overline{x})^2\}}$$

という式で表す．これを**標準偏差**という．

6. 正規分布

正規分布は数学者 C. F. ガウスの名前を取ってガウス分布とも呼ばれる．正規分布は，母集団の分布がどのような分布に従っていても，n が大きければその標本平均の分布は正規分布に従うという統計学上で非常に重要な分布である．統計を取る際に，日本人の身長の平均を考えた時，すべての日本人の身長を測って平均を計算するのは困難であるため，標本（サンプル）として何人かのデータを取りその平均をとるということを行う．すべての日本人の身長の平均を母平均，サンプルの平均を標本平均という．

正規分布では，平均値を中心に，標準偏差との間にどれだけのデータが存在するかが理論上決まっている．標準偏差を s とすると，平均値を中心として $\pm s$ の範囲の中に全体の約 68％，$\pm 2s$ の範囲の中に全体の約 95％，$\pm 3s$ の範囲の中に全体の約 99.7％が入る（図 12.6 参照）．

データの分布が正規分布に従っているかどうかを検証することができる．ヒストグラムは視覚的にデータの分布を掴む方法であり，例えば図 12.4 は正規分布に近い形となっている．次に表 12.2 の度数分布の元と

なっているデータ（次ページに掲載）より平均値，中央値，最頻値を計算するとそれぞれ 48.82, 49, 46 となる．この3つの値がほぼ一致していることから正規分布の条件を1つ満たしている．次に，±s，±2s，±3s の範囲の中のデータ数の割合を計算すると，それぞれ 70%，95%，100% となる．このヒストグラムで表される元のデータは正規分布に従っていると言えるだろう．データが正規分布かどうかを確かめるためのフリーの統計解析言語などもあるので参考文献 を参照されたい．

一般的に身長や体重，試験の成績など自然界のデータは正規分布に従うことが多いが，Web サイトのアクセス回数やアンケートの回答，所得の分布などは正規分布に従うとは限らない．このようなデータを分析する場合に平均値や標準偏差などを出してもあまり意味がなく，別の分析手法を使うべきである．

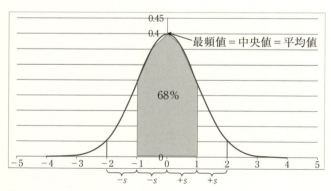

図 12.6　正規分布

表 12.2　図 12.4 の元データ

数学の点数				
18	72	46	21	57
51	41	69	37	84
49	39	59	59	59
78	49	36	58	36
56	48	74	59	50
40	44	38	49	26
26	62	60	35	57
33	27	55	47	88
46	41	71	46	13
57	67	52	2	52
26	33	49	56	56
72	46	68	43	42
35	43	66	46	72
62	61	27	77	61
42	59	35	16	46
16	52	20	66	39
75	16	30	42	31
51	57	60	44	56
65	68	46	40	62
51	49	34	39	95

演習問題

12.1 「はい」か「いいえ」で答える質問を10回行って1つの情報が得られる時，全体の情報の数はいくつあるか

12.2 52枚（ジョーカーを除く）のトランプから1枚を引く時，その1枚がスペードであることを知った時の情報量を求めなさい

12.3 ある書籍の中で出現する異なる文字が68文字あるとする．この中の20文字は$\frac{1}{32}$の確率で出現する．残りの48文字は$\frac{1}{128}$の確率で出現するものとする．この時，この書籍の文字のエントロピーはいくつか．

12.4 ある情報源のA, B, C, Dの生起確率を$\frac{1}{8}, \frac{1}{8}, \frac{3}{8}, \frac{3}{8}$とする．この時それぞれのアルファベットを表のように符号化した．この情報源のエントロピーとそれぞれの符号化パターンにおける平均符号長とを求め，どちらの符号化パターンもエントロピー以上であることを確かめなさい．

アルファベット	生起確率	符号化 X	符号化 Y
A	$\frac{1}{8}$	111	001
B	$\frac{1}{8}$	110	11
C	$\frac{3}{8}$	10	10
D	$\frac{3}{8}$	0	01

12.5 データ A の平均値，中央値，分散を求めよ．また，データ B からDのうち，データ A と分散が同じデータをすべて求めよ．
A　3, 6, 9, 12, 15, 18, 21, 24, 27, 30
B　2, 4, 6, 8, 10, 12, 14, 16, 18, 20
C　2, 5, 8, 11, 14, 17, 20, 23, 26, 29
D　1, 4, 7, 10, 13, 16, 19, 22, 25, 28

参考文献

高岡詠子『シャノンの情報理論入門 (ブルーバックス)』（講談社，2012 年）

統計解析言語 R『https://www.r-project.org/』

奥村晴彦『R で楽しむ統計』（共立出版，2016 年）

13 論理と計算

村上 祐子

《**目標＆ポイント**》 論理とはなにか，また論理的であるとはどういうことか，理解する．推論を分類し，演繹的推論の評価について学ぶ．
《**キーワード**》 論理，推論，文と命題，帰納的推論，演繹的推論，帰納的推論の蓋然性，演繹的推論の妥当性

　最近流行りの「人工知能」は，計算の科学の一分野を成す．人間の思考や認知はどういうしくみなのか？を理解することを目的に，人工的に「知能」を構築しようとする巨大プログラムだ．これは（現代的な意味よりももっと幅広い意味での）哲学の一分野である論理学や認識論の伝統を汲んでいるが，コンピュータ理論・技術の発展により計算の科学と融合して哲学側に対しても新たな知見をもたらす情報学の一分野として共進化状態を成している．これから3回に分けて，その基礎となる論理学の考え方，とくに日常言語をシミュレートする形式言語への翻訳の基礎を扱う．

1. 論理学とは

　論理学とはいったいなにか？意外な手掛かりが，しばしば書店でも同じ棚に並べられていたりする倫理学との比較だ．もちろん内容は全然違うのだが，同じところがある．字面をよく見ると，違うのは最初の字のへんだけだ．これで,論理学は"ごんべん"だから言葉についてのこと，倫理学は"にんべん"だから人間についてのことであり，何かが共通す

ることがわかる．

　実は最初の字のつくりは2つの象形文字を合わせたものになっている．下半分は木簡や竹簡などの記録を集めたもの，すなわち，情報の寄せ集めである．上半分は両側からかき集める手の象形文字である．つまり，この字のつくりは全体で「情報を筋道立てて集める」という意味を成す．だから，論は言葉についての情報を筋道立てて集めたもの，倫は人についての情報を筋道立てて集めたものである．驚くべきことにこの発想は洋の東西を問わない．英語の logic の語源であるギリシャ語のロゴスの語源をさらにさかのぼると，動詞レゲイン＝拾い集めるから発生している．

　一方，理は玉を磨いて現れる模様から転じて，筋目を立てる，分析するという言葉，学はさらに理論化を進めて一般的に分析を行おうとする営みの総称である．まとめると，論理学は言葉についての情報を分析する学問，倫理学は人についての情報を分析して筋目を立てる学問ということになる．

　このような情報を分析する学問という意味での情報の科学を眺めてみると，言葉で表現される情報を扱う論理学の延長であるとともに，言語現象に限らない情報一般について扱おうとする学問であることが浮かび上がってくる．

2. 文と命題

　論理学で主に扱われているのは「真偽が一意に決まる文」である．つまり，真偽がわからないということも，真でも偽でもあるというようなことのない文のことである．こういう文のことを(演繹的)**命題**という．たとえば，
　「この二次方程式は実数解を持つ」

という文は「この二次方程式」がどの二次方程式であるかによって真偽が変わるから，数学についての（日常言語の）文ではあるけれどもどの二次方程式を表しているのかが不明であれば命題ではない．

しかし文「$x^2+1=0$ は実数解を持つ」のようにどの二次方程式を表しているのか明確な文になれば，これが確かに偽であることがわかる．$x^2+1=0$ の解は $\pm i$ であって，この二次方程式は実数解を持たないからだ．だから，この文は数学的な命題である．

一方，「二次方程式は実数解を持つ」は偽なる命題である．これはどうしてだろうか．実は，数学の定理のような一般的に成立するとされる命題が一意に真偽が決まるのは，暗黙の裡に「すべての」「任意の」という普遍化，論理学用語でいうところの「全称量化」が解釈の前提となっているからだ．つまり，「二次方程式は実数解を持つ」をパラフレーズすると，「任意の対象 x が二次方程式であるとき，x は実数解を持つ」と全称量化文（以下参照）になる．

また，自然科学の観察結果や実験成果について述べる文については，真偽は○か×かというはっきりしたものではなく，実際のところ確率的に評価されるので，確率的命題または科学的命題と呼ばれる．たとえば「ハシボソガラスは黒い」は通常は正しいと思われている文だが，アルビノのハシボソガラスは黒くない．

写真：公益財団法人東京動物園協会

つまり，科学的命題は正しさは確率的に表現され，極めてまれな現象を捨象することによって真偽を語ることができるという特性を持つ．

3. 推論

　手持ちの情報（前提）から一見してそうとはわからない新しい情報（結論）を導くのが推論である．論理学で扱う推論は言語的に表現された情報を扱うのが基本であるので，ここでは前提も結論も命題で表現されると考えよう．

　演繹的推論とは数学的命題のように真偽がはっきりした演繹的命題についての推論である．一方，帰納的推論は確率的命題についての推論であって，統計的推論として表現される．帰納的推論の評価は蓋然性，つまり「前提を満たしていれば結論が成立する確率が高い」という高さで表され，前提が成立したうえでの結論が成立する事後確率で計算される．

　このあとしばらくは演繹的推論を扱う．

4. 数学的命題の意味と真理値

　「対偶は同じ意味だ」「これらの命題は同じ意味だ」といった表現が数学の定理や証明に現れることがある．このような考え方を外延的数学観という．外延的数学観では，数学的命題が指し示すものは真理値であり，同じ真理値を持つ命題は同じ意味になる．だがしかしこのように数学的命題の意味を解釈すると，0=0のような当たり前に見える命題とABC定理のようなとてつもなく理解することが難しい命題が同じ意味になってしまう．つまり外延的数学観を直接適用して，数学的知識とは数学的命題の真理値がわかることであると考えると，どうして同じ意味の命題がわかっていたりわかっていなかったりするのか，説明するのはとても難しくなる．実際，当たり前の命題はみんなが知っていても定理が新たに証明されたときに真であるかどうか瞬時にわかる人は通常いない．とすれば，この外延的数学観をそのまま適用するのではなく，日常言語の

文のように文脈によって意味が異なるといった内包的な意味概念を用いるべきであるが，これが一体どういうものなのかは厳密には解析されておらず，数学的命題でも日常的文でも意味と知識のギャップの問題はまだ解決されていない．

5. 論理パズル

　我々は X 島の住民に対する聞き取り調査のみでこの島の実態を調べることになった．この X 島には正義漢と悪漢という 2 種族の住民がいるが，どちらの種族なのかは外見からはわからない．

　ただし，事実として，
1. 正義漢は正しいことしか言えず，
2. 悪漢は正しくないことしか言えない．

とわかっている．

　例：島に金鉱が存在するとき，金鉱について尋ねたら，正義漢は「金鉱がある」と答えるが，悪漢は「金鉱はない」と言うだろう．

　例：「私は悪漢だ」と言える住民はいない．

パズル
- 「私が正義漢であれば，この島には金がある」

という発言者にであった．この島には金があるだろうか？

解答　もし発言者が悪漢であるとしたら，前半は偽であるので，文全体は自動的に真になる．つまり後半の真偽にかかわらずこうは発言できないので，この発言者は悪漢ではありえない．残る可能性は正義漢である．正義漢であれば前半が真であるので，後半が真であればこう発言できる．実際に発言しているのだから，後半も真であって，この島には金がある．

解説 この解答の冒頭,「前半は偽であるので,文全体は自動的に真になる」が直観に合わないように感じる人も少なくないだろう.演繹的推論を扱う基本的なシステムとなる古典論理では,「A であれば B である」という条件文を以下のように解釈する.

「A であれば B である」が真であるのは,以下の 2 つの条件のうち 1 つが成立するときである.

(1) A が偽
(2) B が真

どうしてこういう解釈になっているのだろうか？これは集合の包含関係「A であるものはすべて B である（すべての対象 x に対して,x が A の元であれば x は B の元でもある）」を反映した定義になっている.図で書くと以下のようになる.この文を否定するためには,反例の存在を主張すればよい.つまり,「A

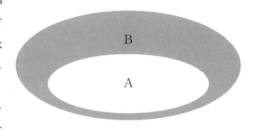

集合の包含関係

であるが,B ではない対象が存在する」ことを主張しなければならない.任意の対象 x を考えた時に,それが A でない場合には,B であろうとなかろうと反例にはならない.また x が B であることがわかっている場合には,x が A であろうとなかろうと反例にはならない.だからすべての対象について,反例にならないことがわかれば,この文を否定することはできないことになる.だから,「A が成立しない,または B が成立している」がすべての対象に対して言えるのであれば,この文は真になる.

このような条件文の解釈は日常言語の条件文とは大きく異なる.古典

論理はあくまでも数学的推論の形式化を目指したものであるので，日常言語を扱うにはさらなる道具立てと工夫が必要になる．この授業では扱わないが，興味がある方は自然言語処理について学ぶとよい．

またコンピュータや人工知能は言語の意味を理解しない．機械は記号列を決められた手順に従って操作しているにすぎない．もし言語エージェントが物事を理解しているようにみえるとしても，それはメッセージを受け取る側が一方的にエージェントが意味を理解していると考えているだけのことであり，なんらかのコミュニケーション障害が発生してはじめて思い込みに気付くことになる．

この記号列操作の分野を統語論（シンタックス），意味の分野を意味論（セマンティクス）という．また，実際の言語使用の分野を語用論（プラグマティクス）という．

6. 演繹的推論の妥当性

演繹的推論では，前提が成立しているときに結論が必ず成立する妥当性が評価に用いられる．妥当性では「必ず」がポイントで，いまそこで成り立っているというだけでは不足である．

コンピュータプログラムでは，ある入力でたまたまうまくいったとしても，他の入力でうまくいかなければそれはプログラムとしてうまく機能していない．コンピュータをバグが起こらないように動かすためにはバグが生じるような状況が起こらないようにすればよい．バグ取りをするにはどのような状況でバグが起こるのかということを考える必要があるし，バグがないことをあらかじめ示せるのであればそれに越したことはない．

注：プログラムの場合，停止しないというタイプのバグも存在するのに留意しよう．

推論で，バグに相当するのが反例である．前提全てが真であるとき，結論が偽になるケースを反例という．妥当な推論とは，反例が存在しない推論のことである．

たとえば，以下の(1)，(2)は妥当な推論であるが，(3)は前提のすべてが成立していて，しかも結論も真ではあるが，妥当ではない．

(3)と同じパターンを持つ(4)では，前提がすべて成立しているが，結論は偽である．

(1) クジラは哺乳類である．哺乳類は温血動物である．だから，クジラは温血動物である．
(2) 馬は動物だ．だから，馬の頭は動物の頭だ．
(3) クジラはサメではない．クジラは哺乳類である．だから，サメは哺乳類ではない．
(4) ハトはスズメではない．ハトは鳥である．だからスズメは鳥ではない．

これらの例から具体的な名詞を記号に置き換えてみると，以下のようなパターンの推論であることがわかる．

(P1) AはBである．BはCである．だから，AはCである．
(P2) AはBだ．だから，任意のxについて，xがAでありかつxがCであれば，xはBでありかつxがCだ．
(P3) AはBではない．AはCである．だから，BはCではない．
(P4) AはBではない．BはCである．だから，AはCではない．

形式論理学はこのパターンの探求のための論理学である．パターンが同じであれば内容を問わないという部分で，内実のあることはいえないと論じる人もいるけれども，論理的に導出するという作業は内実のある情報を付け加えないところこそ意義がある．

演繹的推論の妥当性は，数学の推論を自動化したいというモチベー

ションで開発された．数学に現れる定義をすべて仮定したときに，数学の定理がすべて自動的に推論されるとしたら，素晴らしい！そういう自動推論システムを作るのは古来からの夢であった．もっとも最近の推進計画は，ダーフィット・ヒルベルトにより提案された「数学の形式化」であった．以下は数学的推論を部分的に表現する方法である．

　　注：全面的に数学的推論を表現することは原理的にできないことがゲーデルらにより証明された．だが，これはヒルベルトのような考え方を全面的に否定するものではなく，かなりの部分に関してはうまくシミュレートすることが可能であることを示唆する．また，推論の強さを制限するなどの方法で，問題がある状況を回避することもできる．

　演繹的推論の妥当性を確かめるにはあらゆる可能なケースを考えて，反例がないか探す必要がある．特に数学のような場合には，具体例が無限個あるのが普通だ．たとえばすべての三角形を並べて確かめようとしても，無限個あるから調べつくすことはできない．もししらみつぶしがうまくいかないとしても，システマチックかつ機械的に反例の有無を判定する方法はないのだろうか？

　実は古典論理にはそういう方法がある(だが次の回で扱うように，我々の数学的思考をそれなりに表現できるように数学的定義に使える語彙を拡大していくと，こういう方法はうまくいかない．つまり数学の定理を何でもかんでもひとりでに証明してくれるようなシステム（人工知能）は作ることができない)．

演習問題

13.1 次のうち演繹的命題であるのはどれか．
（1）正方形は長方形である．
（2）夏は暑く，冬は寒い．
（3）早く宿題をやりましょう．

13.2 以下のパターンの推論のうち，妥当なのはどれか．妥当でないものには反例をあげよ．
（あ）人はいつかは死ぬ．ピノコは人だ．だから，ピノコはいつかは死ぬ．
（い）神は全能だ．だから，全能ならば神だ．

参考文献

レイモンド・スマリヤン，高橋昌一郎 監訳『記号論理学』（丸善出版，2013年）

14 | タブローによる計算

村上 祐子

《**目標＆ポイント**》 命題を人工言語（形式言語）で表現することで機械に推論を行わせることができる．この表現方法と推論の規則を学ぶ．
《**キーワード**》 人工言語，帰納的定義，引数，原子文，論理演算子，量化，代入，束縛変項，自由変項，タブロー

13 章では，命題と推論について学んだ．この章では，とくに演繹的推論が妥当であるかどうか，機械的に判定する方法を学ぶ．

1. 演繹的推論の形式化

（1）人工言語 L

準備：命題を人工言語で表現する．ここでは人工言語 L を考えてみよう．これから L の文を語彙（あらかじめ使用が認められた記号）から組み上げて定義していく．

> 注：このような定義の仕方を**帰納的定義**または**再帰的定義**という．プログラミングで用いる関数の再帰的定義のアイディアはこのような人工言語の構築から派生している．

L の語彙は以下の記号である．
述語記号：P, Q, R, …
関数記号：f, g, h, …
変数記号（添え字を用いることもある）：x, y, z, w, …

定数記号（添え字を用いることもある）：a, b, c, …
等号：=
論理演算記号：∧，∨，¬，⇒，⇔
量化記号：∃，∀
なお述語記号，関数記号にはそれぞれ**引数**とよばれる自然数が割り当てられている．

 注：¬の代わりに〜，⇒の代わりに⊃や→，⇔のかわりに ≡ など，ほかの記号を使っている文献も多い．どの記号をどの意味で使っているのかは必ず最初に書かれているので確かめたうえで読解しよう．また自分でレポートや論文を書くときには，記号とその意味を必ず読者に明示しよう．

言語 L の項とは以下の記号列である．
1. 変数記号や定数記号は項である．
2. f が引数 n の関数記号，$t_1, \cdots, t_n$ が項であるとき，$f(t_1, \cdots, t_n)$ は項である．
3. 上記で定められた以外の記号列は項ではない．

例：f，g が 1 引数の関数記号，h が 2 引数の関数記号であるとき，x，g(z)，h(f(b1)，g(a)) は項である．P，fz，fhc は項ではない．

練習：例のようにいわれる理由を述べよ．

練習（難しい）：言語 L の項はいくつあるか？

L の原子文（内部に論理構造を持たない単純な文）は以下の記号列である．
1. t，s が項であるとき，t = s は L の原子文である．
2. P が n 項述語記号，$t_1, \cdots, t_n$ が項であるとき，$P(t_1, \cdots, t_n)$ は L の原

子文である．
3. 上記で定められた以外の記号列はLの原子文ではない．

練習：原子文である記号列，原子文でない記号列の例を挙げよ．

Lの文は以下の記号列である．
1. Lの原子文は文である．
2. XがLの文であるとき，¬XはLの文である．
3. XとYがLの文であるとき，X∧YはLの文である．
4. XとYがLの文であるとき，X∨YはLの文である．
5. XとYがLの文であるとき，X⇒YはLの文である．
6. XとYがLの文であるとき，X⇔YはLの文である．
7. XがLの文，xが変数記号であるとき，∃x(X)はLの文である．
8. XがLの文，xが変数記号であるとき，∀x(X)はLの文である．
9. 上記で定義されるものだけがLの文である．結合の強さは¬，∧と∨，⇒と⇔の順に強い．(X∧Y)∨ZとX∧(Y∨Z)のように区別する必要があるときにはカッコを用いる．

古典論理の論理結合子は集合の性質を反映している．上に述べたように，条件文を作る含意結合子⇒は，集合の含意関係に対応している．また否定は補集合，連言は共通集合，選言は和集合，同値は集合としての同一性に対応している．
 注：同値と等号の違い：同値⇔は文と文を結んで文にする演算記号であるのに対し，等号＝は項と項を結んで原子文にする記号である．文と項を混同しないようにしよう．
 また，量化記号は対象と集合の間の状況記述に用いられる．∃x(Ax)

は「A であるような対象 x が存在する」(存在量化文), ∀x(Ax) は「すべての (任意の) 対象 x は A である」(全称量化文) に対応している. 例えば「馬は動物だ」は「A は B だ」というパターンの文になる. この文が命題だと仮定すれば (つまり真偽が確定できるようにするには) 隠れた全称量化を適用して,「すべての対象 x について, x が A であれば x は B である」とパラフレーズされるので, ∀x(Ax⇒Bx) という L の文に翻訳することができる.

2. 代入

「x は馬だ」という文は, x がどのような対象を指すのかによって意味が変わるので, これ自体では真偽が決まらない (つまり命題ではない). x が指す対象が馬であればこの文は真, 馬でなければ偽ということになる.

このような命題ではない文に現れている何を指すのか決まらない変項記号を**自由変項**という. 一方,「すべての x について, x が厩舎に住む四足動物であれば x は馬だ」という文については, x が具体的にどの対象を指すのかわからなくても真偽が判定できる (だから命題である). たとえば厩舎に馬だけでなく猫が住んでいる場合にはこの文は偽である. このような量化表現に含まれた変項記号のことを**束縛変項**という. 文に現れているすべての変項記号が束縛変項であるときに, 文は命題になる.

言い換えると次のようになる.
1. 原子文 X に現れる変項はすべて自由変項である.
2. 文¬X に現れる自由変項とは, X に現れる自由変項である.
3. 文 X∧Y に現れる自由変項とは, X に現れる自由変項と Y に現れる自由変項である.

4. 文 X∨Y に現れる自由変項とは，X に現れる自由変項と Y に現れる自由変項である．
5. 文 X⇒Y に現れる自由変項とは，X に現れる自由変項と Y に現れる自由変項である．
6. 文 X⇔Y に現れる自由変項とは，X に現れる自由変項と Y に現れる自由変項である．
7. 文 ∃x(X) に現れる自由変項とは，X に現れる自由変項で x 以外の変項である．
8. 文 ∀x(X) に現れる自由変項とは，X に現れる自由変項で x 以外の変項である．

文 X の束縛変項とは，X に現れている変項で自由変項ではないものである．

命題の真偽を確定させるとき，代入作業が必要になる．

記号列 X での x に t を代入した結果 X [t/x] を以下のように帰納的に定義する．【メタの等号として全角を使う】

1. 項の代入．y [t/x]　　　＝t（y が x のとき），
　　　　　　　　　　　　＝y（それ以外）
2. 関数内の代入 $f(t_1, \cdots, t_n)[t/x] = f(t_1[t/x], \cdots, t_n[t/x])$
3. 述語記号内の代入 $P(t_1, \cdots, t_n)[t/x] = P(t_1[t/x], \cdots, t_n[t/x])$
4. ¬X[t/x] ＝ ¬ X[t/x]
5. X∧Y[t/x] ＝ X[t/x]∧Y[t/x]
6. X∨Y[t/x] ＝ X[t/x]∨Y[t/x]
7. X⇒Y[t/x] ＝ X[t/x]⇒Y[t/x]
8. X⇔Y[t/x] ＝ X[t/x]⇔Y[t/x]
9. ∃y(X)[t/x] ＝ ∃ y(X[t/x])　（y が t に現れていないか，x が X の自由変項ではないとき）

$$= \exists z(X)[t/x] \quad (\text{それ以外．ただし } z \text{ は新しい変数})$$

10. $\forall y(X)[t/x] = \forall y(X[t/x])$ （y が t に現れていないか，x が X の自由変項ではないとき）

$$= \forall z(X)[t/x] \quad (\text{それ以外．ただし } z \text{ は新しい変数})$$

例：「$x^2+1=0$ は実数解を持つ」を量化記号を使って書いてみよう．パラフレーズすると，「$x^2+1=0$ となる複素数 x が存在し，すべての複素数 x に対し，$x^2+1=0$ であれば x は実数である」という文になる．だが現在手持ちの人工言語 L では複素数と実数について，また累乗や足し算という関数についても，単に述語記号や関数記号をそれぞれ導入して記述する程度のことしかできない．これらがどのような性質を持つのか，ということを厳密に記述するためには，論理的な言語に加えて数学の語彙が必要になる．

　無限個のモデルを行き当たりばったりにしらみつぶししても，求めるような反例にうまく行き当たるとは限らない．とくに，限定された時間内に反例に行き当たらなかったとしても，反例が存在していないと主張することはできない．
　　注：こういった直観を反映した推論をさらに厳密に形式化したものが，「直観主義論理」と呼ばれる．直観主義論理の場合には真となる条件が古典論理と異なる．

表：論理演算子の読み方と真理条件のまとめ

Lの文	日本語での対応する文	真となる条件	偽となる条件
$X \vee Y$	XまたはY	XとYのどちらか少なくとも1つが真	XとYの両方が偽
$X \wedge Y$	XかつY	XとYの両方が真	XとYのどちらか少なくとも1つが偽
$\neg X$	Xではない	Xは偽	Xは真
$X \Rightarrow Y$	XならばY	Xが偽であるか、またはYが真	Xが真であり、かつYは偽
$X \Leftrightarrow Y$	XとYは同値である	XとYの真理値が同じ（XとYの両方が真であるか、XとYの両方が偽である）	XとYの真理値が異なる
$\exists x(X)$	Xであるxが存在する	個体領域内にXを満たす対象が存在する	個体領域内のすべての対象がXを満たさない
$\forall x(X)$	すべてのxについてXである	個体領域内の対象のすべてがXを満たす	個体領域内にXを満たさない対象が存在する

3. タブロー法による妥当性判定

調べようとしている文の否定を成立させる状況が可能であるとしたら，そこには矛盾がないはずである．もし矛盾がない状況が残っていたとすれば，それは反例シナリオである．一方で，もし矛盾がない状況が残らなければ（つまり，すべての可能な状況が矛盾するとすれば）その文の否定を成立させる状況，すなわち反例が存在しないことになる．

便宜的記号としてTとFを導入したが，そのこころは
- 意味論的に真である命題の前に統語論的にTをつける
- 意味論的に偽である命題の前に統語論的にFをつける

である．この方法のポイントは真偽や正しさについての理解は問わずに機械的操作でシナリオが反例になっているのかどうかの検証ができることにある．

以下の規則で「紙をコピー」する操作は，「シナリオの分岐」を意味する．複数の可能性を考えなければいけないとき，分けて考える必要がある．

また，「紙を破る」操作は，「その（一見可能であるように思われた）シナリオが不可能であることがわかったので却下する」ということに相当する．

> 注：その文にFをつけた行からはじまっていて，すべての紙が破られるタブローが存在するような文のことを**タブロー法での定理**と呼ぶ．集合論を使った意味論で真偽を定義すると，統語論側のタブロー法での定理の集合と全てのモデルで真である文の集合が一致することが証明される．この2つの集合が一致すると主張する定理を，完全性定理と呼ぶ．

まず，前提のすべての前にTをつけてリストに書く．そして，帰結の

前にFをつけてリストに書く．

　以下の規則に従う．
1. TX∨Yが書かれた紙が残っていたら，その紙のコピーをもう1つ作り，2枚のうちの1枚の記号列のリストの一番下にTX，もう1枚の記号列のリストの一番下にTYを書き加える．
2. FX∨Yが書かれた紙が残っていたら，その紙の記号列のリストの一番下にFXとFYの2行を書き加える．
3. TX∧Yが書かれた紙が残っていたら，その紙の記号列のリストの一番下にTXとTYの2行を書き加える．
4. FX∧Yが書かれた紙が残っていたら，その紙のコピーをもう1つ作り，2枚のうちの1枚の記号列のリストの一番下にFX，もう1枚の記号列のリストの一番下にFYを書き加える．
5. T¬Xが書かれた紙が残っていたら，その紙の記号列のリストの一番下にFXを書き加える．
6. F¬Xが書かれた紙が残っていたら，その紙の記号列のリストの一番下にTXを書き加える．
7. TX⇒Yが書かれた紙が残っていたら，その紙のコピーをもう1つ作り，2枚のうちの1枚の記号列のリストの一番下にFX，もう1枚の記号列のリストの一番下にTYを書き加える．
8. FX⇒Yが書かれた紙が残っていたら，その紙の記号列のリストの一番下にTXとFYの2行を書き加える．
9. TX⇔Yが書かれた紙が残っていたら，その紙のコピーをもう1つ作り，2枚のうちの1枚の記号列のリストの一番下にTXとTYの2行，もう1枚の記号列のリストの一番下にFXとFYの2行を書き加える．

10. FX⇔Y が書かれた紙が残っていたら，その紙のコピーをもう1つ作り，2枚のうちの1枚の記号列のリストの一番下にTXとFYの2行，もう1枚の記号列のリストの一番下にFXとTYの2行を書き加える．
11. T∃x(X) が書かれた紙が残っていたら，これまで出てきたことがない定数記号 a を使って，その紙の記号列のリストの一番下にTXa を書き加える．
12. F∃x(X) が書かれた紙が残っていたら, 任意の定数記号 a を使って，その紙の記号列のリストの一番下にFXaを書き加える．
13. T∀x(X) が書かれた紙が残っていたら, 任意の定数記号 a を使って，その紙の記号列のリストの一番下にTXaを書き加える．
14. F∀x(X) が書かれた紙が残っていたら，これまで出てきたことがない定数記号 a を使って，その紙の記号列のリストの一番下にFXa を書き加える．
15. 同じ命題にTがついているのとFがついている紙が現れたら，その紙を破る．
16. 任意の項 t について，Ft＝t が書かれた紙は破る．
17. 破かれていないすべての紙について, 上記の規則が適用できなくなったら終了する．

　この手順でやっていることは，推論の前提のすべてが真であって，帰結を偽にするような状況が可能であるかどうかのチェックである．推論の妥当性を検証するのにタブロー法を使う場合, 全ての前提が真であり，結論が偽である状況の有無を規則に従って調べる．それぞれの紙がシナリオに相当する．もし全てのシナリオが却下されれば，全ての前提が真であるときには結論は真であることが保証される．全ての紙が破られた

ら，この推論が妥当であることがわかる．一方，1枚でも破られない紙が残れば，妥当ではない．この残った紙に書かれたリストを使って，反例を作ることができる．

またノートに書くときには，紙をコピーする代わりにリストを分岐させて書いていき，破く代わりに分岐に印をつけていくとよい．

例題1：(P2) AはBだ．だから，任意のxについて，xがAでありかつxがCであれば，xはBでありかつxがCだ．

この議論をLの文に翻訳して，初期リストに書きこむ．紙の場合にはこのようになるだろう．

$$T \ \forall x(Ax \Rightarrow Bx)$$
$$F \ \forall x(Ax \land Cx \Rightarrow Bx \land Cx)$$

ノートで行う場合には見やすくするために，リストの文に番号をつけていこう．

1. $T \ \forall x(Ax \Rightarrow Bx)$
2. $F \ \forall x(Ax \land Cx \Rightarrow Bx \land Cx)$

規則そのものだけを見ると，どの文から適用していけばいいのかは自由であるけれども，できるだけ簡単に行うためには，「これまで現れていない定数記号を使って」という条件が入っている規則が適用できる文がまだ残っていればそこから適用していくのがよい．また，シナリオが分岐する規則の前にできるだけ分岐しない規則を適用する方がよい．

だから，この初期リストでは，まず2に規則を適用する（新たな定数記号の導入）．新しい文番号の右側に，どの番号の文から得られた文な

のか，由来を明記するとよい．

1. T ∀x(Ax⇒Bx)
2. F ∀x(Ax∧Cx⇒Bx∧Cx)
3[2]. F Aa∧Ca⇒Ba∧Ca

次に適用するのは分岐しない規則が適用できる3である．

1. T ∀x(Ax⇒Bx)
2. F ∀x(Ax∧Cx⇒Bx∧Cx)
3[2]. F Aa∧Ca⇒Ba∧Ca
4[3]. T Aa∧Ca
5[3]. F Ba∧Ca

同じく分岐しない規則が適用できるので，4に規則を適用する．

1. T ∀x(Ax⇒Bx)
2. F ∀x(Ax∧Cx⇒Bx∧Cx)
3[2]. F Aa∧Ca⇒Ba∧Ca
4[3]. T Aa∧Ca
5[3]. F Ba∧Ca
6[4]. T Aa
7[4]. T Ca

ここで1が残っているけれども，とくに使う定数記号には制限がないので，aを採用する．

1. T ∀x(Ax⇒Bx)
2. F ∀x(Ax∧Cx⇒Bx∧Cx)
3[2]. F Aa∧Ca⇒Ba∧Ca
4[3]. T Aa∧Ca
5[3]. F Ba∧Ca
6[4]. T Aa

7[4]. T Ca
8[1]. T Aa⇒Ba

ここで分岐が発生する．

9[8]．F Aa　　　10[8]．T Ba

ここで左側の分岐をみると，6と9で同じ文 Aa の前に T と F の両方がついている．だから左側の分岐に相当するシナリオは矛盾することがわかるので，×をつけておこう（紙であれば破る）．

右側の分岐についてさらに規則適用を進めると，また分岐する．

1. T ∀x(Ax⇒Bx)
2. F ∀x(Ax∧Cx⇒Bx∧Cx)
3[2]. F Aa∧Ca⇒Ba∧Ca
4[3]. T Aa∧Ca
5[3]. F Ba∧Ca
6[4]. T Aa
7[4]. T Ca
8[1]. T Aa⇒Ba

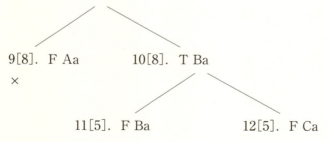

9[8]．F Aa　　　10[8]．T Ba
×

　　　　　　　11[5]．F Ba　　　12[5]．F Ca

10と11，7と12を見るとそれぞれTとFが同じ文についているこ

とがわかるので，この2つの枝にも×をつける．

これで規則適用は終了である．生き残るシナリオはなかったので，この推論は妥当である．

4. パズルとタブローの関係

本文で述べたように，タブロー法はありえない可能性を却下する一方で，却下されない可能性はありえるシナリオとして残すというアイディアに基づく．

一方，（きちんと作られた）論理パズルの場合には，パズル設定に書かれた条件全てが成立するとき，ありえないシナリオを却下していくと，唯一可能なシナリオ，すなわちパズルの解答が残ることになる．

13章で扱った正義漢と悪漢のパズルの場合には，発言したという事実をもとに発言内容をタブローで検証することになる．このような発言事実条件を紙に書くときには，「発言内容と発言者が正義漢であるという命題が同値」とパラフレーズする．

アイコが「私は正義漢だ」と言ったとする．もしアイコが正義漢であれば，「アイコは正義漢だ」は真であり，アイコの発言内容「アイコは正義漢だ」も真であるからこの2つは同値である．もしアイコが悪漢であれば，「アイコは正義漢だ」は偽であり，アイコの発言内容「アイコは正義漢だ」も偽だから同値である．つまり，発言者の種族に関わらず，発言事実をこの同値命題で記述できる．

> **演習問題**

以下の推論を L の言語に翻訳し，推論の妥当性をタブロー法で検証せよ．

A. クジラは哺乳類である．哺乳類は温血動物である．だから，クジラは温血動物である．

B. カラスは飛ぶ．カラスは鳥である．だから，鳥は飛ぶ．

参考文献

結城　浩『プログラマの数学　第 2 版』（SB クリエイティブ，2018 年）

新井紀子『数学は言葉』（東京図書，2009 年）

川添　愛『働かないイタチと言葉がわかるロボット』（朝日出版社，2017 年）

レイモンド・スマリヤン，高橋昌一郎 監訳『記号論理学』（丸善出版，2013 年）

レイモンド・スマリヤン，高橋昌一郎 監訳『数理論理学』（丸善出版，2014 年）

15 | 証明と計算

村上　祐子

《**目標&ポイント**》　計算の科学で扱うのはおもに有限の対象であるとはいえ，実世界では無限の対象を扱わなければならないことも少なくない．論理学で扱う無限概念の初歩を学ぶことで，計算の科学で用いていく対象の扱いになじむことを目指す．
《**キーワード**》　対偶，自然数，集合の濃度，実数，対角線論法

　14 章では，一階述語論理の言語で形式化した演繹的推論の妥当性をタブロー法を使って検証する方法を学んだ．この形式化は数学的推論の自動化という大きな目標へのステップとなるはずだったが，実際には数学を記述しつくすほどの記述力は足りず，一方で私たちが普段数学の問題を考えるときに必要だと思われる語彙や推論規則を追加しようとすると様々な問題が発生することがわかっている．15 章では，どうやってそのような語彙を追加しようとしていったのかを概説し，情報学における論理学の位置づけを振り返る．
　復習を兼ねて，「クジラは哺乳類だ」という文を考えてみよう．これは，すべての対象についての条件を表す形式言語 L の文

$$\forall x(A(x) \Rightarrow B(x))$$

で表される．この文が偽となるためには，A であってしかも B ではない対象（反例）が存在すればよい．また，この文が真であることを検証するには，反例が存在しないことを示せばよい．
　さて，「クジラは哺乳類だ（A ならば B だ）」に対して，「哺乳類はク

ジラだ（BならばAだ）」「クジラでないものは哺乳類ではない（Aでないならば Bではない）」「哺乳類でないものはクジラではない（Bでないならば Aではない）」というバリエーションを考えてみよう．ここでの条件文は部分集合に相当しているので，AがBの部分集合であることと，Bの補集合がAの補集合の部分集合になっていることは同値である．

練習：「AがBの部分集合であることと，Bの補集合がAの補集合の部分集合になっていることは同値である．」を検証せよ．

A⇒Bに対して，¬B⇒¬Aを対偶と呼ぶ．対偶は元の条件文と常に真偽が一致する．また，B⇒AをA⇒Bの逆，¬A⇒¬BをA⇒Bの裏と呼ぶ．逆と裏は対偶関係にある．

さて，1階述語論理の言語では数学を自動化するという夢の実現には全然足りない．足し算などの演算も，数の構造も入っていないからだ．いろいろな対象を数と同じようにふるまわせるために，自然数の構造と演算を導入する．このとき，できるだけ基本パーツを少なくして構築したい．どうやって行うのだろうか．

1. 自然数の構造

パズル：文通クラブというものがあって，以下の事実が判明している．
1. どのメンバーも少なくとも1人のメンバーには手紙を送ったことがある．
2. 自分あてに手紙を送ったことがあるメンバーはいない．
3. どのメンバーもせいぜい1人からしか手紙をもらったことがない．
4. 誰からも手紙をもらったことがないメンバーが1人だけいる．

このクラブのメンバーの数は何人か？

パズル変形：
1. どのメンバーもメンバーの1人だけに手紙を送ったことがある．
2. 自分あてに手紙を送ったことがあるメンバーはいない．
3. どのメンバーもせいぜい1人からしか手紙をもらったことがない．
4. 誰からも手紙をもらったことがないメンバーが1人だけいる．
このクラブのメンバーの数は何人か？

　実はこの変形パズルの構造が自然数の構造になっている．言い換えると，これら4つの規則を満たす構造はどれも自然数と「同じ（注：同型の）」構造となっている．

　算術の言語 L_A の語彙は，1階述語論理の語彙に以下の特有の2つを追加したものである．

　　関数 S（「次の数」）

　　定数 0

　すると，パズルの規則に相当する「自然数の公理」として以下を書き出すことができる．

　　1. 0 が存在する
　　2. $Sx = Sy$ ならば $x = y$
　　3. x が 0 でなければ，$x = Sy$ となる y が存在する
　　4. 全ての x について，$Sx = x$ ではない
　　5. $Sx = 0$ となる x は存在しない

の条件を満たすことになる．

練習：1がない場合には，どういう構造がありうるか？例を作ってみよう．
4がない場合には，どういう構造がありうるか？例を作ってみよう．

この言語にはなんと 0 以外には「数字」がない．数 v(0) の次の対象は S(0) という項の解釈 v(S(0)) となっている．この対象を 1 と便宜的に呼ぶ．ほかの数についても同じように，S(S(S…(0)…)) が正式の統語論的記号になるが，便宜的に 2 や 3 と呼ぶ．

この関数 S を使って，統語論の世界での加法 + を次のように定義する．
　　0 + 0 = 0
　　n + S(m) = S(n + m)

例：2 + 3 の計算
　　2 は S(S(0))，3 は S(S(S(0))) の略記だから，
　　S(S(0)) + S(S(S(0))) = S(S(S(0)) + S(S(0)))
　　　　　　　　　　　　 = S(S(S(S(0)) + S(0)))
　　　　　　　　　　　　 = S(S(S(S(S(0)) + 0)))
　　　　　　　　　　　　 = S(S(S(S(S(0)))))
　　　　　　　　　　　（これは 5 の統語論的記号である）

(1) 数学的論法：背理法，数学的帰納法とその拡張

パズル：ある文通クラブでは，どの手紙についても次のような条件が成立しているとしよう．

　(H) どの手紙についても，手紙を書いた人が全員髪の毛が青ければ，その手紙を受け取った人の髪の毛は青い．

　このとき，この文通クラブの会員の人たちの髪の毛の色は何色だろうか？

考え方：誰からも手紙を受け取っていない人が 1 人だけいるはずなので，この人の髪の毛の色を考えてみよう．ちょっとわけがわかりにくいかも

しれないけれども，実はこの人の髪は青い．理由を説明しよう．与えられた条件と次の条件は「対偶」であり，両方が成立しているか，していないか，である（つまり同値である）．

どの手紙についても，手紙を受け取った人の髪が青くなければ，その人に手紙を書いた人のうちに髪の毛が青くない人が存在する．

だから，もし，誰からも手紙を受け取っていない人の髪が青くないのであれば，この人に手紙を書いた人で髪の毛が青くない人が存在しているはずである．だがこの人に手紙を書いた人はいないので，髪の毛が青くなくてこの人に手紙を書いた人もいない．

このように，実際に成立しているかのかどうかわからない仮定を立て，論理的に推論をすすめたうえで矛盾に到達したら仮定の否定を導く論法を**背理法**または**帰謬法(きびゅうほう)**という．現実世界での推論でも，さまざまなシナリオを考えたうえで，個々のシナリオの実現可能性を検討し，実現不可能な場合にはそのシナリオを棄却するという考え方は，背理法（前提2の導出に用いている）と次の形の推論（選言三段論法）を組み合わせたものと考えられる．

（前提1）AまたはB．
（前提2）Bではない．
（結論）だから，Aである．

さて，文通クラブのほかのメンバーを考えてみよう．どの人を取ってみてもちょうど1人から手紙を受け取っているはずである．さかのぼっていくと，いくつかのステップの先に誰からも手紙を受け取っていない人がいるはずだ．

ステップ数の定義を書くと，次のようになる．
- 誰からも手紙を受け取っていない人のステップ数は0である．

●手紙を受け取った人については，受け取った手紙を書いた人のステップ数が m であれば，この人のステップ数は m+1 である．

さて，ステップ数が n よりも小さい人のすべてで，条件（H）が成り立っていると仮定する．このとき，ステップ数 n の人について，髪の色を考えると，ステップ数 m＜n の人たちはみんな髪の毛の色が青いので，n の人も髪が青い．

ここで「帰納法」こと，ドミノ倒しの原理を用いる．

基礎ステップ：ステップ数 0 のメンバーについて，性質 P が成立している．

帰納法のステップ：ステップ数 m＜n のメンバー全員について P が成立していれば，ステップ数 n のメンバーについても P が成立している．

帰納推論：ゆえに，すべてのメンバーについて性質 P が成立する．

性質 P として「髪の毛の色が青い」を考えると，基礎ステップと帰納法のステップを満たしているので，帰納推論を使って，すべてのステップ数のメンバーについて髪が青いことがわかる．

この帰納法に用いられる性質 P のように，「あるメンバーについて成立していればその次のステップについてもすべて成立している」という条件を満たす性質を**遺伝的性質**と呼ぶ．

自然数について，帰納法を用いると，さまざまな定理が証明できる．

例：数列の和．

自然数からなる n 項の有限数列 $1, 2, 3, \cdots, n$ の和 S_n は $\dfrac{n(n+1)}{2}$ である．

証明．$n=1$ のとき，この和は 1 だから $S_1 = \dfrac{1 \times (1+1)}{2}$ が成立している．$n=k-1$ のとき $S_{k-1} = \dfrac{(k-1)k}{2}$ であると仮定する．すると，

$S_k = \frac{(k-1)k}{2} + k$ だから，右辺を計算すると $S_k = \frac{k(k+1)}{2}$ が成立する．

帰納法を使って，すべての n について $S_n = \frac{n(n+1)}{2}$ である．

また，論理式についても，原子式についてある性質 P が成立し，さらに帰納的定義のひとつひとつの項目について次の構成ステップを踏んでも性質 P が遺伝することがわかれば，すべての論理式に関してその性質 P が成立することを帰納法によって証明できる．

例：「L の論理式に含まれる記号の数は有限である」ことを証明する．

この証明で用いる帰納法は，自然数のような構造に適用する帰納法を拡張したものになる．最初のステップ 0 のところも帰納法のステップのところでも複数のケースを検討しなければならない．（詳細は練習）

ステップ 0：L の原子式に含まれる記号は有限個である．

帰納法のステップ：X, Y が L の論理式，x が変項であるとき，¬X, X∧Y, X∨Y, X⇒Y, X⇔Y, (∃x)X, (∀x)X が含む記号は有限個である．ゆえに論理式に含まれる記号の数は有限である．

上の定理はごくごく当たり前のことしか主張していないようにみえるかもしれない．だが，たとえば ∧（連言）が 2 つの式だけではなく，有限無限を問わず式の集合にも一斉に適用できるような別の形式言語を考えると，この言語の論理式に含まれる記号の数は無限個になりうる．

情報学の分野でさまざまな現象をコンピュータに実装する際には有限の対象しか扱わないことが多いけれども，その背後に無限の対象を含むモデルが潜んでいることを意識しておくとよい．

帰納法が強力なのは，2 つの前提を証明することによって，任意の n（無限個かもしれない）についての命題を証明できることだ．

ヒルベルトが考えたのは，形式言語によってこのような推論を含む数学的推論を表現するとともに，定義と公理によって数学的概念の振る舞いを規定できれば，数学が確実な真理を提供すると保証できるはずだという方向性だった．しかしそれは極めて限定的にしか成立しないことがゲーデルの不完全性定理により判明した．このことを根拠にして万能の人工知能ができないだろうと予想する専門家もいる．

2. 集合の元の個数を数える

集合の元の個数を数えるために，鳩ノ巣原理を用いる．有限集合の場合には元の個数が異なれば鳩ノ巣原理は成立しないから，真部分集合の元の個数は小さいことがわかる．だが無限集合の場合には，部分集合と全体集合の要素に1対1対応ができることがあり，数学的には同じサイズとみなされる．この「サイズ」のことを**濃度**と呼ぶ．

自然数の集合は無限集合だが，元をすべて並べて数え上げることができる．この自然数の集合の濃度を$\aleph_0$(アレフ)とかき，**可算**という．

例：自然数の集合に有限個のメンバーを追加しても，元の集合と同じように可算である．

例：自然数の集合と奇数の集合は同じ濃度である．言い換えると奇数の集合は可算である．

例：実数すべての集合と，数直線上の有限区間に含まれる実数の集合は同じ濃度である．説明：三角関数の tan を思い出してみよう．このうち区間 $[-\pi/2, \pi/2]$ だけ考えると，実数全てと一対一対応になっているのがわかる．つまり実数の集合とこの区間の実数の集合は同じ濃度である．さらに，有限区間であればずらしても幅を大きくしたり小さくしたりしても濃度は変わらない．

例：有理数の集合 Q の濃度はどうなるだろうか？有理数は分数で表せる数の全体である．既約分数ではない分数での重複を考えると，有理数全体の集合の濃度は（既約とは限らない）分数全体の集合の濃度より大きくなることはない．この後者が数え上げられることを示そう．そうすれば有理数の集合の濃度が可算であることがわかる．

　座標平面で x が 1 以上の整数，y も 1 以上の整数である点を考える（x が負になる場合を考えてもこの後説明するのと類似の仕方で数え上げることができる．また，ここで数える正の分数の集合に 0 を付け加えても濃度が変わらないことに注意しよう）．x を分子，y を分母だと考えると，正の約分していない分数はこれらの点に対応している．そしてこれらの点は，<1,1>，<2,1>，<1,2>，<3,1>，<2,2>，<1,3>，…とシステマティックに数え上げていくことができるので可算個である．正の有理数はここで数え上げられた点のうち既約分数に相当するので，正の有理数の集合はこれらの点の集合の部分集合と同じ濃度であり，可算であることが分かる．一方で，正の有理数の集合は自然数よりも大きい濃度である．さらに正負を交互に割り当てていけば正と負の有理数からなる集合も可算であることがわかり，それに 0 を付け加えても濃度は変わらないので可算である．

（1）実数の集合 R の濃度と対角線論法

　自然数の集合 N が可算濃度 $\aleph_0$ であるのに対し，実数の集合 R はどのくらいのサイズなのだろうか．もし実数を数え上げられるのであれば，有理数の集合同様可算個になる．だが，以下に示すように，実数の集合を数え上げられると仮定すると，矛盾が生じる．背理法により，実数の集合は数え上げることができない．つまり，R は可算ではない．

　実数全てを使うと端が無限であつかいにくいので，ちょっと準備作業

を行う．上の例で挙げたように，実数すべての集合の濃度は有限区間 [0,1] に含まれる実数の集合と同じ濃度である．

この区間 [0,1] の実数がすべて数え上げられると仮定する（背理法の仮定）．この仮定にしたがい，実数を全てリストにして並べていく．リストにして並べると言う事は1番目2番目3番目と自然数と一対一対応できるということになる．区間 [0,1] の実数なので，$0.r_1 r_2 r_3 \cdots$ の形で表される．

さてここで次のような実数 $r^* = 0.r_1^* r_2^* r_3^* \cdots$ を定義してみよう．

$$r_i^* = \begin{cases} r_i^i + 1 & (0 \leq r_i^i \leq 8 \text{のとき}) \\ 0 & (r_i^i = 9 \text{のとき}) \end{cases}$$

図のリストを例にして，具体的に作ってみる．さて，今仮定している状況では実数すべてを数え上げているはずなのだから，この r^* もリストのどこかに現れているはずだ．つまり，$r^* = r^m$ となる自然数 m が存在するはずだ．だが，リスト上の r^m の小数点以下 m 桁目 r_m^m を調べると，定義により r_m^* とは異なる．これは矛盾である．

ここで背理法を使うと，仮定の否定が成立していることがわかる．すなわち，実数すべてを数え上げることはできない．

自然数の集合は実数の集合の真部分集合であるから，実数の集合 R の濃度は自然数の集合の濃度よりも大きい．

0.893735736526796	8	9	3	7	3	5	7	3	6	5	2	6
0.110583199928512	1	1	0	5	8	3	1	9	9	9	2	8
0.689453485971455	6	8	9	4	5	3	4	8	5	9	7	1
0.591054707893538	5	9	1	0	5	4	7	0	7	8	9	3
0.324694743510607	3	2	4	6	9	4	7	4	3	5	1	0
0.362405961250738	3	6	2	4	0	5	9	5	1	3	5	0
0.634765619712523	6	3	4	7	6	5	6	1	9	7	1	2
0.697666696452179	6	9	7	6	6	6	6	9	6	5	5	2
0.759805313616279	7	5	9	8	0	5	3	1	3	6	1	6
0.838751287761165	8	3	8	7	5	1	2	8	7	7	6	1
0.923275121464208	9	2	3	2	7	5	1	2	1	5	6	4
0.370751594695834	3	7	0	7	5	1	5	9	4	7	9	5

0.920106704876***	(***は，この下に続く数から決まる)										
0.893735736526796	9	0	4	8	4	6	8	4	7	6	3	7
0.110583199928512	2	2	1	6	9	4	2	0	0	0	3	9
0.689453485971455	7	9	0	5	6	4	5	9	6	0	8	2
0.591054707893538	6	0	2	1	6	5	8	1	8	9	0	4
0.324694743510607	4	3	5	7	0	5	8	5	4	6	2	1
0.362405961250738	4	7	3	5	1	6	0	6	2	4	6	1
0.634765619712523	7	4	5	8	7	6	7	2	0	8	2	3
0.697666696452179	7	0	8	7	7	7	7	0	7	6	6	3
0.759805313616279	8	6	0	9	1	6	4	2	4	7	2	7
0.838751287761165	9	4	9	8	6	2	3	9	8	8	7	2
0.923275121464208	0	3	4	3	8	6	2	3	2	6	7	5
0.370751594695834	4	8	1	8	6	2	6	0	5	8	0	6

3. 自然数での算術

(1) ペアノ算術
自然数の構造上に，以下の（形式化された）**帰納法**を追加する．
1. 性質 P が 0 で成立する
2. x で P が成立すれば Sx でも P が成立する
3. このとき全ての x について P が成立する．

ペアノ算術では，加法・乗法・累乗といった中学校までで習うような自然数の計算を行うことができる．このペアノ算術は私たちの自然数に関する計算のうち，かなりの部分を表現することができる．だが実数などより大きな構造を扱う以前に，真であるのに証明することができない文をこの言語で構成することができる．ヒルベルトが求めていたのは，数学的真理を表す命題の集合と定理の集合が一致する（完全な）体系だった．だが，前回扱った一階述語論理では完全性が成立するのに対し，それを少しだけ拡張して数学のごく一部を扱えるようにしたペアノ算術でもこれが一致しない（不完全性）ことが証明されている．この構成（不完全性定理）について詳しく知りたい方は参考文献を読みつつ，自然科学数理コースの数理論理学の授業を履修するとよいだろう．不完全性はこの授業で扱う計算可能性とも深く関連しており，不完全性定理は情報学の基本定理の1つである．

演習問題

15.1　前回説明した L の文は何個あるか？

15.2　無限個の部屋があるホテルがある．現在満室であるが，すべての部屋の客が新しい客を 1 人ずつ連れてきた．これらの客に部屋を割り当てることはできるか？

参考文献

レイモンド・スマリヤン，高橋昌一郎 監訳『数理論理学』（丸善出版，2014 年）

ゲーデル，林 晋，八杉 満利子（解説，翻訳）『ゲーデル 不完全性定理（岩波文庫）』，（岩波書店，2006 年）

フランセーン，田中一之訳『ゲーデルの定理―利用と誤用の不完全ガイド』
https://plato.stanford.edu/entries/goedel-incompleteness/

演習問題解答

第1章

1.1 四進法となる．個々の数字と数の対応は，以下のとおり．
- 「北」（↑）は 0，無
- 「東」（→）は 1，「●」
- 「南」（↓）は 2，「●●」
- 「西」（←）は 3，「●●●」

このとき，桁長 3 では，次の数を表すことができる．
- 可変長の場合「東北北」（100）から「西西西」（333）まで．
- 固定長の場合「北北北」（000）から「西西西」（333）まで．

0 から可変長で数え上げていくと，以下のとおり．
北，東，南，西，東北，東東，東南，東西，南北，南東，南南，南西，西北，西東，西南，西西東北北，東北東……

掛け算を行うとき，十進法での「九九の表」に相当する「三三の表」は，以下のとおり．

	東	南	西
東	東	南	西
南	南	東北	東南
西	西	東南	南東

すなわち，南 × 西 = 東南 となる．

1.2 (a) 28 = XXVIII，(b) 491 = CDXCI，(c) 1997 = MCMXCVII，(d) 2014 = MMXIV

1.3 (a) 存在しない組み合わせは 60 通りである．
(b) まず，この 2 文字で表現できる文字列は 120 通りとなる．

x を表現したい数（ただし，$1 \leq x \leq 60$），とし，y を十干の値（ただし，$1 \leq y \leq 10$），z を十二支の値（ただし，$1 \leq z \leq 12$）とする．このとき，次の式が成り立つ．

- $y = x$ を 10 で割った余り（ただし，余りが 0 のときは 10）
- $z = x$ を 12 で割った余り（ただし，余りが 0 のときは 12）

一方，10 と 12 の最大公約数は 2 である．したがって，上式より，y を 2 で割った余り = x を 2 で割った余り = z を 2 で割った余りが成立する．このことから，y と z は，偶数同士，あるいは奇数同士となる．例えば，「己」は 6 で，「辰」は 5 であり，偶奇が一致しない．したがって，「己辰」は十干十二支には現れない．このように，偶奇が一致しない組み合わせは，合計で 60 通りである．

第 2 章

2.1 身近な例として，ページ番号，電話番号，学生番号，値札，銀行の口座番号，銀行の口座残高，年齢などがある．生年月日は，西暦をいれて 8 桁表記の場合もあれば，西暦を入れて 6 桁で表記できる書き方を許す場合もある．他にも，多くの例について，検討せよ．（詳細は省略．）

2.2 以下のとおり．

(a) $x = 508_{(10)} = 1\ 1111\ 1100_{(2)} = 1FC_{(16)}$

(b) $x = 101100011_{(2)} = 355_{(10)}$

(c) $x = 10110.0011_{(2)} = 355_{(10)} \div 16_{(10)} = 22.1875_{(10)}$

(d) $x = \dfrac{3}{5}$ について，次の計算をする．

$\frac{3}{5}$ (2倍→)	$\frac{6}{5}$	$= 1 + \frac{1}{5}$
$\frac{1}{5}$ (2倍→)	$\frac{2}{5}$	$= 0 + \frac{2}{5}$
$\frac{2}{5}$ (2倍→)	$\frac{4}{5}$	$= 0 + \frac{4}{5}$
$\frac{4}{5}$ (2倍→)	$\frac{8}{5}$	$= 1 + \frac{3}{5}$ →戻る

以上より，$\frac{3}{5} = 0.1001100110011001\ldots = 0.\dot{1}00\dot{1}_{(2)}$

2.3 $16 = 2^4$ であるから，$16^x = (2^4)^x = 2^{4x}$ である．指数関数は単調であるから，$y = 4x$ である．

2.4 $E(M) = A \times 31^M$ であるから，以下のとおりになる．
 (a) $E(4)/E(3) = \frac{A \times 31^4}{A \times 31^3} = 31$ 倍
 (b) $E(5.1)/E(4.1) = \frac{A \times 31^{5.1}}{A \times 31^{4.1}} = 31$ 倍
 (c) $E(8)/E(5) = \frac{A \times 31^8}{A \times 31^5} = 31^3 = 29791$ である．すなわち，29791日分のエネルギーである．これは，$29791 \div 365.25 = 81.5633$（小数第4位まで）となることから，約81.5633年分となる．（より簡便には，82年弱といってもよい．）

2.5 以下では，$x = pm_x + r_x$, $y = pm_y + r_y$ とする．
 (a) $=\Rightarrow$： $x \equiv y \pmod{p}$ より $r_x = r_y$ であるから，$x - pm_x = y - pm_y$ である．よって，$x - y = p(m_x - m_y) \equiv 0 \pmod{p}$
 (a) $\Leftarrow=$： $x - y \equiv 0 \pmod{p}$ より，整数 z を用いて，$x - y = pz$ と書ける．すなわち，$p(m_x - m_y) + r_x - r_y = p_z$ と書ける．ところで，$0 \leq r_x < p$ であり，$0 \leq r_y < p$ であるから，$-p < r_x - r_y < p$ である．

この範囲で p の倍数となるのは，0 のみ．したがって，$r_x - r_y = 0$ となり，$r_x = r_y$ である．よって，$x \equiv y \pmod{p}$ が成り立つ．

(b) =⇒: (a) を利用すると，$x \equiv y \pmod{p}$ より $x - y \equiv 0 \pmod{p}$ である．$k(x-y)$ もまた p の倍数である．すなわち，$kx - ky$ は p の倍数であり，よって，$kx - ky \equiv 0 \pmod{p}$ となる．ふたたび，(a) を用いて，$kx \equiv ky \pmod{p}$ となる．

(c) 略．((a), (b) と同様に計算する．)

(d) 略．((a), (b) と同様に計算する．)

(e) いくつかの方針があるが，二項定理を利用するか，数学的帰納法を利用する．例えば，二項定理により，次の式が成立する．

$$x^n = (pm_x + r_x)^n = \sum_{k=0}^{p} {}_nC_k (pm_x)^k r_x^{n-k}$$
$$= \underbrace{(pm_x)^n + n(pm_x)^{n-1} + \cdots + npm_x r_x^{n-1}}_{p \text{ の倍数}} + r_x^n$$

であるから，

$$x^n \equiv r_x^n \pmod{p}$$

同様に，

$$y^n \equiv r_x^n \pmod{p}$$

これと，(a) を利用する．$x \equiv y \pmod{p}$ より $r_x = r_y$ であるから，$x^n \equiv y^n \pmod{p}$ がいえる．

第 3 章

3.1 （解法は他にもあるので一例を示す）

(1) $13 \times 14 = (10 + 3 + 4) \times 10 + 12 = 182$

(2) $24 \times 25 = (20 + 4 + 5) \times 20 + 20 = 600$ $(24 \times 100 \div 4 = 600)$

(3) $38 \times 34 = (30 + 8 + 4) \times 30 + 32 = 1292$

(4) $76 \times 74 = 70 \times 80 + 6 \times 4 = 5624$

(5) $81 \times 89 = 80 \times 90 + 1 \times 9 = 7209$

(6) $115 \times 125 = 115 \times 1000 \div 8 = 14375$

(7) $207 \times 213 = (200 + 7 + 13) \times 200 + 7 \times 13 = 44091$

(8) $861 \div 123 = (861 \div 3) \div (123 \div 3) = 287 \div 41 = 7$

(9) $552 \div 24 = (552 \div 3) \div (24 \div 3) = 184 \div 8 = 23$

(10) $638 \div 121$

$(638 \div 11) \div (121 \div 11) = 58 \div 11 = 5 \cdots 3$

余りは11倍するから，答えは5余り33

(11) $752 \div 256$

$(752 \div 16) \div (256 \div 16) = 47 \div 16 = 2 \cdots 15$

余りは16倍するから，答えは2余り240

(12) $2091 \div 34$

$(2091 \div 17) \div (34 \div 17) = 123 \div 2 = 61 \cdots 1$

余りは17倍するから，答えは61余り17

(13) 10^{10} を11で割った余りを求めなさい

$10^{10} = 10 \times 10 \times 10 \times 10 \times 10 \times 10 \times 10 \times 10 \times 10 \times 10$

$10 \bmod 11 \equiv -1$ であるから $(-1)^{10} = \underline{1}$

(14) 5^{20} を7で割った余りを求めなさい

$5 \bmod 7 \equiv -2$ であるから

$(-2)^{20} = (2^3)^6 \times 2^2$

$2^3 \bmod 7 = 1$ であるから

$1 \times 4 = \underline{4}$

(15) 123^9 を12で割った余りを求めなさい

$123 \bmod 12 = 3$

$3^9 = (3^2)^4 \times 3$

$3^2 = 9 \bmod 12 \equiv -3$ であるから

$(-3)^4 \times 3 = 243$

$243 \bmod 12 \equiv \underline{3}$

3.2 0.01010101…は二進法で現された数であるから十進法で表すとどうなるかといえば，整数桁と同じように考えて，小数点以下は対応する桁の数を掛けて足していくことになる．小数点のすぐ右の小数第1位は1/2の位（2進法なので2で割る）で，小数点第2位は1/4の位になり，順次2で割って行く．そして

```
0.    0     1     0     1     0     1
      ×     ×     ×     ×     ×     ×
     1/2   1/4   1/8  1/16  1/32  1/64
```

の各桁の1に相当するところの数を掛けて足す．
1/4+1/16=0.3125，1/4+1/16+1/64=0.328125 というようにだんだん1/3に近づいてゆく．つまり，0.01010101…というのは二進表現の1/3を表しているのである．

第4章

4.1 1番目の数値が1つ少なくなり，3番目の数値が1つ多いという現象が同時に起こった場合（奇数番目，偶数番目の複数箇所に同時にこのようなエラーが起きる場合）

4.2
　　 T o d a y　 s　 c l a s s　 i s　 o v e r

4.3 $n = 33$ より $p = 3$, $q = 11$ とする．この時 $p-1 = 2$, $q-1 = 10$ である．$(p-1)(q-1) = 20$ と互いに素な数 $e = 7$ を選ぶ．

M = 5 より

$C = M^e \pmod{n} = 5^7 \pmod{33} = 14$

e×d を (p−1)(q−1) = 20 で割った余りが1となれば良いから d = 3 となる．

$M = C^d \pmod{n} = 14^3 \pmod{n} = 5$

で戻ることがわかる．

4.4 p = 5, q = 7 とし, (p−1)(q−1) = 24 と互いに素な数 e = 5 を選ぶ．

M = 3 とおけば C = 33

d = 5 とおけるから

公開鍵 (e, n) = (5, 35), 復号鍵 (d, n) = (5, 35)

4.5 正しいもの：1, 5

1. 認証できる．PKIは確実に本人の公開鍵であることを認証する仕組みである．
2. 認証局では控えを保持することはしない
3. 認証局で改ざんは検知できない．
4. 送信者は，公開鍵付きの電子証明書と，メッセージ本体と要約した暗号文をまとめて送る．
5. 認証局は公開鍵の入った電子署名を発行する．

第5章

5.1

(1)

3	2	4	4
4	A	4	4
4	A	4	4
4	A	5	4
3	1	9	8

(2)

7	A	5	0
4	A	5	0
4	2	5	0
4	A	5	0
7	9	9	C

(3)

7	B	9	C
4	2	4	8
7	3	8	8
4	2	4	8
4	3	9	C

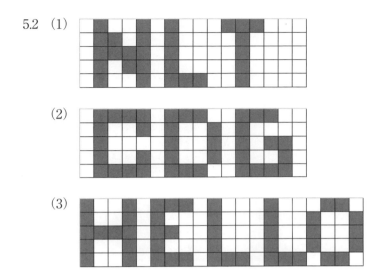

5.3 R＝1−min（1, C×(1−K)＋K）＝1−min(1, 0.32×(1−0.04)＋0.04)
≒0.65 となる．ここで R の最大値 255 を 100% として考える．ここで R の値が 65% ということは，255 を 100% と考えた場合の 65% の値を出せばよいことになるので，255＊0.65 を計算すればよい．厳密に 255×(1−0.32×(1−0.04)＋0.04) を計算すると 166.47 となるので四捨五入で 166 という結果が出る．G, B について同様に計算できる．

R＝166, G＝218, B＝208

5.4 1 秒間の標本化で必要な情報は 8000×2＝16000 バイト
1K バイトは 1024 バイトとすると，16000÷1024≒15.6K バイト
10 分間の標本化で必要な情報量は
15.6K（バイト）×10（分）×60（秒）＝9360K（バイト）
1M バイトは 1024K バイトとすると，9360÷1024≒9.1M バイト

第 6 章

6.1 解答例

```
1. day ← 365
2. day > 0 の間繰返す
    2.1 max ← 温度センサーから入力された気温
    2.2 count ← 1440
    2.3 count > 0 の間繰返す
        2.3.1 temp ← 温度センサーから入力された気温
        2.3.2 もし temp > max ならば
            2.3.2.1 max ← temp
        2.3.3 max を液晶パネルに出力して表示
        2.3.4 1 分間待機
        2.3.5 count ← count－1
    2.4 day ← day－1
```

6.2 解答例（網かけの部分が変更点）

アドレス (番地)	ラベル	命令
0001		max（0015）番地にセンサからの値を置く
0002		count（0016）番地に 0 を置く
0003	loop	count 番地の値と 1440 を比較する
0004		count 番地の値が 1440 以上ならば loopend（0013）番地に行く
0005		temp（0014）番地にセンサからの値を置く
0006		temp 番地の値と max 番地の値を比較する
0007		temp 番地の値が max 番地の値以下ならば next（0009）番地に行く
0008		max 番地に temp 番地の値を書き込む
0009	next	max 番地の値を液晶パネルに出力する
0010		1 分間待機する
0011		count 番地の値を 1 増やす
0012		loop（0003）番地に行く

0013	loopend	プログラム終了
0014	temp	27
0015	max	26
0016	count	0

6.3 解答例

C

オペレーティングシステム UNIX を記述するために開発された手続き型言語．ハードウェアに近い低いレベルの記述が可能であるため，システムソフトウェアの作成に向く．

Java

OS などのプラットフォームに依存しないソフトウェアを開発するために作られたオブジェクト指向言語．環境に依存しないようにするため，コンパイルしたクラスファイルと呼ばれる中間コードを仮想マシン上で実行する．Web アプリケーションや携帯アプリケーションなどの開発に広く用いられる．

JavaScript

Web ブラウザなどの上で動作するオブジェクト指向言語．Web 上のドキュメントを記述する HTML と連携して使われ，ブラウザを用いたアプリケーションの作成などに用いられる．

Ruby

日本人のまつもとひろゆき氏によって開発されたオブジェクト指向言語．スクリプト言語で，通常はインタプリタによって実行される．開発の容易さなどから，Web アプリケーションに多く用いられる．

ドリトル

教育用に設計されたオブジェクト指向言語．命令語が日本語で用意されていることや，タートル（亀）を動かして図形を書くタートル

グラフィックスなどが使えるため,子どもでも容易にプログラムが作成できるようになっている.

6.4 解答例(1つ目のプロンプトは変数nへの代入,2つ目のプロンプトは何時かの確認.3つ目のプロンプト以下が回答となるプログラム)

```
>>> n=" こんばんは "
>>> datetime.datetime.now().hour
20
>>> if datetime.datetime.now().hour < 10:
        print(m)
elif datetime.datetime.now().hour < 18:
        print(a)
else:
        print(n)
```

第7章

7.1
```
t = int(input(" 最高気温を入力してください :"))
if t >= 35:
    print(" 猛暑日です ")
elif t >= 30:
    print(" 真夏日です ")
elif t >= 25:
    print(" 夏日です ")
else:
    print(" 暑くありません ")
```

7.2
```
n = int(input("n を入力してください :"))
a = 0
for i in range(n,101,n):
    print(i)
    a = a + i
print(" 和は " + str(a))
```

7.3
```
n = int(input("nを入力してください:"))
r = int(input("rを入力してください:"))
if r < 0:
    print("rには0以上の数を入力してください")
else:
    a = 1
    for i in range(r):     # r回の繰返し(0～r-1)
        a = a * n
    print("nのr乗は" + str(a))
```

7.4
```
for y in range(1,21):
    for x in range(1,21):
        if x*y <= 9:
            print("  ",end="")     # 2文字の空白
        elif x*y <= 99:
            print(" ",end="")      # 1文字の空白
        print(str(x*y) + " ",end="")
    print("")
```

7.5
```
ちゃう
ちゃう
ちゃうん
ちゃう
ちゃう
ちゃう
ちゃう
ちゃう
ちゃうん
```

第8章

8.1 解答例

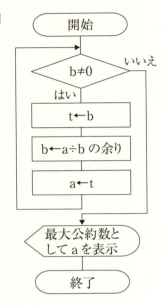

8.2

2184＞1170 なので a＝2184，b＝1170 とおく
2184÷1170 の余りが 1014 なので，b＝1014，a＝1170 とする
1170÷1014 の余りが 156 なので，b＝156，a＝1014 とする
1014÷156 の余りが 78 なので，b＝78，a＝156 とする
156÷78 の余りが 0 なので，b＝0，a＝78 とする
b＝0 となったので，a の値 78 が最大公約数

8.3 解答例

```
d = int(input("分母を入力してください: "))
n = int(input("分子を入力してください: "))
a = d       # 分母をa, 分子をbとして最大公約数を求める（結果はaに）
b = n
if a < b:
    t = a
    a = b
    b = t
while b != 0:
    t = b
    b = a % b
    a = t
if a == 1:    # 最大公約数が1なので約分できない
    print("約分できません")
else:   # 分母, 分子を最大公約数で割って約分の結果を表示
    print(str(int(d/a)) + "分の" + str(int(n/a))) 実行する
```

最大公約数はライブラリ関数 math.gcd で求めることができるので，以下のように書き換えることができる．

```
import math
d = int(input("分母を入力してください: "))
n = int(input("分子を入力してください: "))
a = math.gcd(d,n)   # 分母dと分子nの最大公約数をaに
if a == 1:
    print("約分できません")
else:
    print(str(int(d/a)) + "分の" + str(int(n/a))) 実行する
```

8.4 解答例

たまねぎのみじん切り

```
1．頭から根にかけて，縦半分に切る
2．それぞれの断片に対して
   2.1 切り口を下に向け，頭を手前にしてまな板に置く
   2.2 右端から左端まで細かい間隔で以下を繰返し
       2.2.1 根の部分が切れないように縦に切れ目を入れる
   2.3 全体を反時計回りに 90 度回転させる
   2.4 以下をまな板から上方向に間隔を空けて 3 回繰返し
       2.4.1 包丁をまな板に水平にして横から切れ目を入れる
   2.5 右端から左端まで細かい間隔で以下を繰返し
       2.5.1 縦に切れ目を入れ，みじん切りとする
```

8.5 解答例

```
Kinshu = [10000, 5000, 2000, 1000, 500, 100, 50, 10, 5, 1]
kingaku = int(input("金額を入力してください：") )
for k in Kinshu:
    n = int(kingaku/k)
    if n > 0:
        print(str(k) + "円×" + str(n))
        kingaku = kingaku - k*n
```

第9章

9.1 繰返しの回数は，
$$\sum_{i=2}^{n}(i-2) = \frac{(n-1)(n-2)}{2} = \frac{1}{2}n^2 - \frac{3}{2}n + 1$$
となるので，計算量は $O(n^2)$ となる．

9.2 i が p で割り切れ，商が q となるとき，$i = p \times q$ となる．$p \leq q$ とすると，$i = \sqrt{i} \times \sqrt{i}$ であるので，p のとりうる最大値は $\sqrt{i}$ となる．p で割り切れることが分かれば，q で割って確かめる必要は無いので，$i-1$ を $\sqrt{i}$ まで減らすことができる．この改良を加えたプログラムを以下に示す．このときの計算量は $O(n\sqrt{n})$ となる．

```
import math
n = int(input("数を入力してください："))
for i in range(2,n+1):
    j = 2
    e = int(math.sqrt(i))
    while j <= e:
        if i%j == 0:
            break
        j = j + 1
    if j > e: # breakせずにwhileの繰り返しが終了したので素数
        print(i)
```

9.3 解答例

```
N = [31, 28, 31, 30, 31, 30, 31, 31, 30, 31, 30, 31]
Day = ["Sun","Mon","Tue","Wed","Thu","Fri","Sat"]
y = int(input("年を入力してください："))
m = int(input("月を入力してください："))
d = 1
if (y%4==0 and y%100!=0) or y%400==0:  # うるう年
    N[1] = N[1] + 1  # 2月の日数 (N[1]) に1加える
if m <= 2:
    y = y - 1
    m = m + 12
w = (y+int(y/4)-int(y/100)+int(y/400)+int((13*m+8)/5)+d)%7
for i in range(7):  # i を0から6まで繰返して，曜日の項目の表示
    print((Day[I]) + "  ", end="")
print("")                          # 改行を表示
for i in range(w):                 # 1日までの空白を表示
    print("     ", end="")         # 4文字の空白を表示
m = (m-1)%12 + 1                   # 13,14月を1,2月に戻す
for i in range(1,N[m-1]+1):
    if i <= 9:                     # 1桁の場合，空白1つを先頭に表示
        print(" ", end="")
    print(" " + str(i) + "  ", end="")  # 日の表示
    if (i+w)%7 == 0:               # 土曜日ならば改行
        print("")
```

9.4 各桁の数を足しあわせた数の下一桁で分類している．このように分類した場合，まず計算でどの分類を探せばいいかを特定し，その中で探索を行うので，調べるデータ数を減らすことができる．（このような探索アルゴリズムをハッシュ法と呼ぶ．）

第10章

10.1 略（放送授業で行っている例を，トランプやカードなどを利用して行ってみよ．）

10.2 略（さまざまな実現方法があるので，各自で調べてみて，実装してみるとよい．）

10.3 シェルソート，ヒープソート，基数ソートなどがある．

第 11 章

11.1 ★3 枚のコインが異なると考える場合

(a) 次の $2^3 = 8$ 通り．

表表表，表表裏，表裏表，表裏裏，裏表表，裏表裏，裏裏表，裏裏裏．

(b) すべての場合について，$\frac{1}{8}$ の確率である．

(c) 表 0 枚となる事象は 1 個，表 1 枚となる事象は 3 個，表 2 枚となる事象は 3 個，表 3 枚となる事象は 1 個なので，

$$1 \times 3 \times \frac{1}{8} + 2 \times 3 \times \frac{1}{8} + 3 \times 1 \times \frac{1}{8} = \frac{12}{8} = 1.5$$

★3 枚のコインに区別ができないと考える場合

(a)(b) 次の 4 通り．

- 表が 0 枚で，確率 $\frac{1}{8}$
- 表が 1 枚で，確率 $\frac{3}{8}$
- 表が 2 枚で，確率 $\frac{3}{8}$
- 表が 3 枚で，確率 $\frac{1}{8}$

(c) 同様の計算により，平均は 1.5 である．

11.2 次のように考える．

- 教室 A に忘れる確率は，$\frac{1}{5}$
- 教室 B に忘れる確率は，A に忘れていない前提が必要なので，

$$\frac{4}{5} \times \frac{1}{5} = \frac{4}{25}$$

- 教室 C に忘れる確率は，A にも B にも忘れていない前提が必要なので，$\frac{4}{5} \times \frac{4}{5} \times \frac{1}{5} = \frac{16}{125}$

以上より，どこかの教室に忘れてくる確率は，
$$\frac{1}{5} + \frac{4}{25} + \frac{16}{125} = \frac{25 + 20 + 16}{125} = \frac{61}{125}$$

よって，

- A に忘れてきた確率は，$\dfrac{\frac{1}{5}}{\frac{61}{125}} = \dfrac{25}{61}$

- B に忘れてきた確率は，$\dfrac{\frac{4}{25}}{\frac{61}{125}} = \dfrac{20}{61}$

- C に忘れてきた確率は，$\dfrac{\frac{16}{125}}{\frac{61}{125}} = \dfrac{16}{61}$

なお，「傘を 125 本持っていって，手持ちの 5 本に 1 本を教室に忘れてくる」という考え方をすると，教室 A に 25 本，B に 20 本，C に 16 本が忘れられることを利用してもよい．

11.3 紙の上に，1 辺の長さが 2 の正方形と，それに内接する半径 1 の円を書き，その上からゴマ粒を落とす．なるべく高いところから落とす．そして，正方形の中に入ったゴマが n 粒，そのうち円の中に入ったゴマ粒を s 粒とすると，$\frac{s}{n}$ は，円と正方形の面積比である $\frac{\pi}{4}$ に近い値になる．これを多くのゴマ粒で行うことで，$\frac{4s}{n}$ が π の近似値になる．

11.4

種類	当選本数	当選金額	当選金額の和
1 等	6	100,000,000	600,000,000
組違い	594	100,000	59,400,000
2 等	10	10,000,000	100,000,000

3等	100	1,000,000	100,000,000
4等	4,000	100,000	400,000,000
5等	10,000	10,000	100,000,000
6等	100,000	5,000	500,000,000
7等	1,000,000	500	500,000,000
合計			2,359,400,000
発売本数	10,000,000		
期待値	235.94		

以上より，235.94 円．

第 12 章

12.1 $2^{10} = 1024$

12.2 $P(X = スペード) = 1/4$ であるから自己情報量は
$\log_2 1/P(X) = \log_2 4 = 2$ ビット

12.3 $20 \times 1/32 \times \log_2 32 + 48 \times 1/128 \times \log_2 128 = 5.75$

12.4 $H = 1/8 \times \log_2 8 + 1/8 \times \log_2 8 + 3/8 \times \log_2(8/3) + 3/8 \times \log_2(8/3)$
$\fallingdotseq 1.811$
符号化 X：$1/8 \times 3 + 1/8 \times 3 + 3/8 \times 2 + 3/8 \times 1 = 1.875$
符号化 Y：$1/8 \times 3 + 1/8 \times 2 + 3/8 \times 2 + 3/8 \times 2 = 2.125$

12.5 平均値 = 中央値 = 16.5，分散 = 74.25　分散が同じなのは C, D

第 13 章

13.1 (1)

13.2 (あ) 妥当．(い)「哺乳類は動物だ．だから，動物ならば哺乳類だ．」と同じ形式の推論を考えると，前提は真だが哺乳類でない動物も存在するので結論は偽となることから妥当ではないことがわかる．

第 14 章

14.A 問題となる式が偽となるシナリオの有無を検証するために，F をつけてタブローを開始する．

1. F∀x(Axx⇒(∃y ∀z(Axy∧Ayz⇒Axz)))
2. F Aaa⇒(∃y ∀z(Aay∧Ayz⇒Aaz))
3. T Aaa
4. F∃y ∀z(Aay∧Ayz⇒Aaz)
5. F∀z(Aaa∧Aaz⇒Aaz)
6. FAaa∧Aab⇒Aab　ただし b≠a
7. TAaa∧Aab
8. F Aab
9. TAaa
10. TAab　8, 10 で棄却

すべての分岐（この場合 1 本）が棄却された．したがって妥当．

14.B
1. T∀x(カラス(x)⇒飛ぶ(x))
2. T∀x(カラス(x)⇒鳥(x))
3. F∀x(鳥(x)⇒飛ぶ(x))
4. F(鳥(a)⇒飛ぶ(a))
5. T(カラス(a)⇒飛ぶ(a))
6. T(カラス(a)⇒鳥(a))
7. T 鳥(a)
8. F 飛ぶ(a)

分岐

9. F カラス(a)
10. T 飛ぶ(a) ×

9 の下に分岐

11. F カラス(a)
12. T 鳥(a)

12 の仮説が棄却されず，タブローが閉じないので，この推論は妥当ではない．

第 15 章

15.1 L の文は自然数と同じ個数（つまり可算個）である．L の原子文に自然数を 1 対 1 対応させたうえで，原子文から文を定義するステップに従って数え上げていくことができる．

15.2 もともといた客のいた客室番号を n としたとき，n にいた人には 2n という番号の客室に移ってもらい，2n − 1 の部屋に新しい客を入れればよい．

索引

●配列は五十音順．＊は人名を示す．

●あ 行

ＲＳＡ暗号　68
ＲＧＢ方式　82
アセンブリ言語　95
アナログ録音　75
誤り検出　59
誤り訂正　59
アラビア数字　10
アルゴリズム　126
暗号化　62
暗号化鍵　65
遺伝的性質　240
意味論　216
色階調　81
色数　81
インタプリタ　98
ＨＴＴＰＳ　65
ＡＬＵ　95
ＳＳＬ　65
ＳＳＤ　94
n 進法　17
n ビット表記　28
n を法として合同　50
エラー検出　61
エラー訂正　61
エルガマル暗号　68
演繹的　211
演繹的推論　213
演算装置　93
Augusta Ada Byron　52
オーダ　147
音波　75

●か 行

外延的　176
階級　202
階級値　202
階差機関　52
階乗　38
解析機関　52
科学的命題　212
可逆圧縮　197
確率　183
確率的命題　212
確率変数　184
可算　241
画素　79
可変長表記　27
加法混色　82
漢数字　11
完全性　127
記憶装置　93
機械語　95, 97
擬似コード　91
記述統計学　184
期待値　189
帰納的推論　213
帰納的定義　220
揮発性　94
帰謬法　238
共通鍵暗号　64
近似アルゴリズム　127
金種計算　135
空間計算量　144
位取り記数法　16
グレースケール　80
クロード・シャノン　193
計算量　144
桁あふれ　29
桁区切り　23

桁数　27
元　176
原因の確率　186
健全性　127
減法混色　82
公開鍵　65
公開鍵暗号基盤　66
公開鍵暗号方式　65
公開鍵証明書　66
光学ズーム　81
降順　163
高水準言語　98
合同　40
公約数　39
個数　13
固定長表記　28
コマンド　93
語用論　216
コンパイラ　98
コンピュータにとっての計算　53

●さ　行
再帰的定義　219
最大公約数　39
彩度　82
最頻値　203, 204
サンプリング　77
サンプリング周波数　77
算用数字　10
ＣＭＹＫ方式　82
シーザーの暗号　63
ＣＰＵ　94
シェル　100
時間計算量　144
色相　82
試行　184
自己情報量　195

事象　184
指数　35
自然数　13
十干十二支　21
実数　15
集合　176
周波数　75
自由変項　223
主記憶装置　90
出力　90
出力装置　93
循環小数　34
順次構造　107
商　39
条件つき確率　186
条件分岐　91
昇順　163
状態　53
状態遷移図　54
情報　193
情報エントロピー　196
情報源　197
情報源符号化定理　197, 201
剰余　39
情報量　195
真数　37
シンタックス　216
真理集合　177
数学的対象　176
正規分布　205
制御　93
制御構造　107
制御装置　93
整数　14
整列　162
積事象　185
積集合　177

セマンティクス　216
漸近的評価　147
線形探索　153
全事象　184
全体集合　177, 178
選択ソート　165
挿入ソート　167
添字　139
sorting　162
ソーティング　162
ソート　162
束縛変項　223
素数　39
そろばん　51

●た　行
対数　36
代入　91, 108, 223
代表値　203
タブロー法での定理　227
チェックサム　61
中央処理装置　94
中央値　203
中国人剰余定理　178
チューリング・マシン　53
通信路符号化定理　197
ツェラーの公式　151
底　35, 36
停止性　127
ディジタル・ズーム　81
ディジタル録音　75
低水準言語　98
底の交換　37
データ　93, 193
データ圧縮　197
データ型　101
データの分析　202

テープ　54
テープから読み取った文字　54
電子署名　65, 67
統語論　216
独立　186
度数　202
度数分布　202
トリミング　81
貪欲法　135

●な　行
内包的　176
ナップザック暗号　68
並べ替え　162
2桁の掛け算の暗算法　45
二進数　17
二進法　49
2分探索　155
入力　89
入力装置　93
濃度　241

●は　行
倍数　38
Python　98
ハイブリッド方式　66
背理法　238
歯車計算機　52
外れ値　203
バブルソート　163
バベッジ　52
パリティビット　60
反復　92
反復構造　111
ＰＫＩ　66
非可逆圧縮　197
引数　100

ピクセル　79
筆算　44
ビット　27
ビットマップ技術　79
秘密鍵　65
buffonの針　188
標準偏差　205
標本　205
標本化　76, 77
標本化周波数　77
標本化定理　77
標本平均　205
FizzBuzz問題　121
フェルマーの小定理　180
不揮発性　94
復号　64
復号鍵　65
符号　198
符号化　76, 198
符号長　200
負の数　14
プラグマティクス　216
フラッシュメモリ　94
プログラム　90, 97
プログラム言語　97
プロンプト　100
分岐構造　109
分散　204
ペアノ算術　246
ペアノの定理　14
平均　189
平均情報量　196
平均値　203
平均符号長　200
ベクタ技術　79
ヘッド　54
ヘロンの公式　116

変数　90
補集合　177
補助記憶装置　94

●ま　行
マージソート　169
無理数　15
命数法　22
命題　211
明度　82
命令　93
メインメモリ　90, 94
メジアン　203
モード　204
モンティー・ホール問題　187
モンテカルロ法　188

●や　行
約数　38
ユークリッドのアルゴリズム　127
ユークリッドの互除法　130, 132
有理数　14
要素　176

●ら　行
ラビン暗号　68
リスト　138
量子化　76
量子化ビット数　78
累乗　35
ルール表　54
レジスタ　95

●わ　行
和集合　177
割り算の余り　50
割り算を単純化　49

分担執筆者紹介

(執筆の章順)

西田　知博 (にしだ・ともひろ)　・執筆章→ 6・7・8・9

1991 年	大阪大学基礎工学部情報工学科卒業
1996 年	大阪大学情報処理教育センター助手
2000 年	大阪学院大学情報学部講師
2010 年	大阪学院大学情報学部准教授
現在	大阪学院大学情報学部教授・博士（情報科学）
専攻	情報科学，情報教育，プログラミング教育
主な著書	CGI 入門講座（共著，オーム社），1997. 計算事始め（共著，放送大学教育振興会），2013. 情報科教育法（共著，オーム社），2016.

村上　祐子 (むらかみ・ゆうこ)　・執筆章→ 13・14・15

東京大学教養学部教養学科卒業
東京大学大学院理学系研究科修士課程修了
インディアナ大学大学院哲学専攻博士課程修了．Ph.D.(Philosophy)
国立情報学研究所特任准教授，東北大学准教授を経て

現在	立教大学大学院人工知能科学研究科教授
専攻	情報哲学，科学哲学
主な著書	科学技術をよく考える（共著，名古屋大学出版会）2013 ロジカル・ディレンマ：ゲーデルの生涯と不完全性定理（共訳，新曜社）2006 エニグマ：アラン・チューリング伝（共訳，勁草書房）2015

編著者紹介

辰己　丈夫 (たつみ・たけお)　・執筆章→1・2・10・11

1997年	早稲田大学大学院理工学研究科数学専攻博士後期課程退学
2014年	筑波大学大学院ビジネス科学研究科企業科学専攻博士後期課程修了
現在	放送大学教授・東京大学非常勤講師・千葉大学非常勤講師，博士（システムズ・マネジメント）
主な著書	情報化社会と情報倫理［第2版］（単著，共立出版） 情報科教育法［改訂3版］（共著，オーム社） キーワードで学ぶ最新情報トピックス 2018（共著，日経BP）

高岡　詠子 (たかおか・えいこ)　・執筆章→3・4・5・12

慶應義塾大学理工学部数理科学科卒業
同大学大学院理工学研究科計算機科学専攻博士課程修了，博士（工学）

現在	上智大学理工学部教授・明治学院大学非常勤講師
専門	データベースと Web アプリケーション，コンピュータと社会（医療・教育・環境・福祉） 2007年情報処理学会山下記念研究賞受賞 2013年度情報処理学会学会活動貢献賞受賞
主な著書	チューリングの計算理論入門（講談社ブルーバックス） シャノンの情報理論入門（講談社ブルーバックス） 計算事始め（'13）（共著，放送大学教育振興会） 情報科学の基礎（'07）（共著，放送大学教育振興会）

カトリック教会でカテキスタ，オルガニストとしても活躍中．

放送大学教材　1750038-1-1911（テレビ）

計算の科学と手引き

発　行　　2019 年 3 月 20 日　第 1 刷
　　　　　2023 年 1 月 20 日　第 3 刷
編著者　　辰己丈夫・高岡詠子
発行所　　一般財団法人　放送大学教育振興会
　　　　　〒 105-0001　東京都港区虎ノ門 1-14-1　郵政福祉琴平ビル
　　　　　電話 03（3502）2750

市販用は放送大学教材と同じ内容です。定価はカバーに表示してあります。
落丁本・乱丁本はお取り替えいたします。

Printed in Japan　ISBN978-4-595-31956-3　C1355